Mitteilungen des Hydraulischen Instituts der Technischen Hochschule München

Herausgegeben vom Institutsvorstand

D. Thoma

Dr.-Ing., o. Professor

Heft 5

mit 76 Abbildungen

München und Berlin 1932

Verlag von R. Oldenbourg

Druck von R. Oldenbourg, München und Berlin.

Vorwort.

Die Forschungsarbeiten, über die in dem vorliegenden fünften Heft der Mitteilungen berichtet wird, sind von der Notgemeinschaft der Deutschen Wissenschaft unterstützt worden. Der Notgemeinschaft gebührt ganz besonderer Dank dafür, daß sie trotz der Ungunst der Zeiten dem Institut Mittel zugewendet hat, die bei sparsamer Wirtschaft den Abschluß der Arbeiten ermöglicht haben.

Die Arbeiten wurden außerdem gefördert durch die Firma A. Ott in Kempten, welche Meßflügel für die Untersuchungen von Anlauft zur Verfügung stellte, und durch die Firma J. M. Voith in Heidenheim, welche das für die Arbeit von Riemerschmid benötigte, im Hinblick auf den kleinen Maßstab nur sehr schwierig herstellbare kleine Turbinenlaufrad kostenlos lieferte. Beiden Firmen sei auch bei dieser Gelegenheit verbindlichst gedankt.

München, im September 1932.

D. Thoma.

Inhaltsverzeichnis.

Hydrometrische Flügel bei schräger Anströmung.

Von Dipl.-Ing. **Fritz Anlauft.**

Einleitung.

Die Wassermessung in offenen Kanälen und Rohrleitungen mit dem hydrometrischen Flügel (Woltmann-Flügel) erfreut sich wegen ihrer leichten Handhabung und wegen ihrer Zuverlässigkeit großen Vertrauens. Daß dieses Vertrauen berechtigt ist, geht aus den in den letzten Jahren an verschiedenen Stellen vorgenommenen vergleichenden Wassermessungen hervor.

In der vorliegenden Arbeit, über die eine vorläufige Mitteilung in Heft 4 der Mitteilungen des Hydraulischen Instituts der Technischen Hochschule München erschienen ist, wird das Verhalten der hydrometrischen Flügel bei schräger Anströmung festgestellt, und es wird auf Vorschlag von Professor Dr.-Ing. D. Thoma nach Mitteln gesucht, die die von der Schrägströmung herrührende Fehlanzeige der Flügel beseitigen oder vermindern.

I. Die Aufgabe, ihre Grenzen und ihre Bearbeitung.

Die Grundlagen der Flügelmessung sind allgemein bekannt und brauchen hier nicht näher erörtert zu werden. Die Durchflußmenge ist:

$$Q = \int v' \cdot df;$$

wobei v' die senkrecht zum Meßquerschnitt stehende Komponente der Wassergeschwindigkeit v ist (Abb. 1), df das Element des Meßquerschnittes bedeutet und das Integral über den ganzen Meßquerschnitt zu nehmen ist.

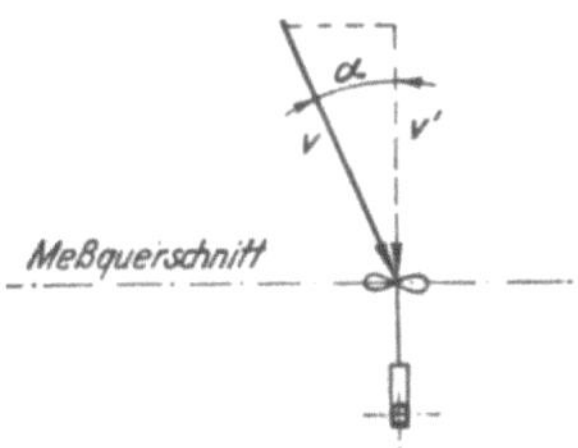

Abb. 1.

Wenn der Winkel, den die Wassergeschwindigkeit mit der senkrecht zum Meßquerschnitt stehenden Flügelachse bildet, mit α bezeichnet wird, ist $v' = v \cdot \cos\alpha$, so daß sich

$$Q = \int v \cdot \cos\alpha \cdot df$$

ergibt.

Durch den Flügel muß an einer genügend großen Zahl von Meßpunkten $v \cdot \cos\alpha$ bestimmt werden. Da α selbst nicht gemessen wird, muß verlangt werden, daß die Flügeldrehzahl nur von $v \cdot \cos\alpha$, der in die Flügelachse fallenden Geschwindigkeitskomponente, abhängt, d. h. daß die Flügeldrehzahl durch Seitenkomponenten nicht beeinflußt wird (Forderung *a*).

Ferner ist zu beachten, daß in den praktisch vorkommenden Fällen der Strömungszustand nicht vollständig stationär ist. Aufgabe der Wassermessung ist die Ermittlung der zeitlich mittleren Durchflußmenge Q_m. Die obige Gleichung gilt auch für diese und nimmt dabei die Form an:

$$Q_m = \int (v \cdot \cos\alpha)_m \cdot df,$$

wobei $(v \cdot \cos\alpha)_m$ der zeitliche Mittelwert der senkrecht zum Meßquerschnitt gerichteten Geschwindigkeitskomponente ist. Die Drehzahl des Flügelrades folgt den durch die turbulenten Nebenbewegungen erzeugten Geschwindigkeitsschwankungen ohne merkliche Verzögerung; damit sich bei Erstreckung der Messung über eine genügend lange Dauer der richtige Mittelwert von $v \cdot \cos\alpha$

ergibt, muß die Flügeldrehzahl (bei gleichbleibendem α) linear von der Größe der Geschwindigkeit abhängen (Forderung *b*).

In dem für technische Messungen interessierenden Bereich ist die Flügeldrehzahl bei gerader Anströmung ($\alpha = 0$) genügend genau proportional der Geschwindigkeit. Unter dieser Voraussetzung läßt sich die Forderung *a* auch so ausdrücken, daß bei gleichbleibender Gesamtgeschwindigkeit v die Flügeldrehzahl sich proportional mit cos α ändern muß (Forderung *a'*, „Cosinusflügel").

Da bei den gebräuchlichen Flügeln die Proportionalität zwischen Wassergeschwindigkeit und Flügeldrehzahl innerhalb der fraglichen Geschwindigkeitsbereiche genügend genau erfüllt ist, beschäftigt sich die vorliegende Arbeit mit der Prüfung der Flügel hinsichtlich der Forderung *a* bzw. *a'*, und zwar wurde hauptsächlich der Schutzringflügel Typ IXc von Ott, daneben auch der Flügel „Texas" von Ott untersucht.

Man findet im Handel eine sehr große Mannigfaltigkeit in der Bauart der Flügel. Nach der Bauart des hauptsächlichen, bewegten Teiles, d. h. des Flügelrades oder der Schaufel kann man folgende Einteilung treffen:

1. Schalenflügel (Price),
2. Schrägkantschaufel (z. B. Texas, Ott),
3. Schaufel, deren Eintritts- und Austrittskanten auf Geraden liegen, die senkrecht zur Flügelachse stehen (z. B. Schutzringflügel Typ IXc von Ott).

Die vorliegende Arbeit beschränkt sich in der Hauptsache auf die Untersuchung und Abänderung des Schutzringflügels Typ IXc von A. Ott, Kempten, mit einem Flügelraddurchmesser von rd. 90 mm (Abb. 16). Schon die Vorversuche bei schräger Anströmung zeigten bei der handelsüblichen Form dieses Flügels merkliche Abweichungen von Forderung *a*. Bei den späteren Abänderungen wurde das Flügelrad unverändert beibehalten und die Erfüllung der Forderung *a* durch Veränderungen am Flügelgestell angestrebt.

Die Flügelanzeige hängt außer vom Flügelrad und Flügelgestell auch noch ab von der Flügelstange, der Eintauchtiefe und dem Wandabstand; der Einfluß dieser Umstände bei schräger Anströmung wurde bei den Vorversuchen geklärt.

II. Die Versuchseinrichtung.

Die Versuche wurden in gleicher Weise durchgeführt wie bei dem bekannten und allgemein üblichen Eichverfahren: der auf einem Meßwagen befestigte Flügel wird durch ruhendes Wasser geschleppt, dabei wird die Wagengeschwindigkeit und die Umlaufszahl des Flügels durch Bandchronograph bestimmt.

Für die Schleppfahrten stand im Hydraulischen Institut der Technischen Hochschule München ein Meßkanal von 50 m Länge bei einer Lichtweite von 1,28 m zur Verfügung. Der Querschnitt des Meßkanales ist rechteckig, die Wassertiefe wurde konstant auf 1,84 m gehalten. Da sich der vorhandene alte Meßwagen für die vorliegenden Untersuchungen als ungeeignet erwies, wurde ein neues, einfaches Gerät erstellt (Abb. 2 u. 3). Der Flügel und die Flügelstange werden von dem dreirädrigen Meßwagen getragen, der in ein endloses Drahtseil von 4 mm Durchmesser eingeschaltet ist. Das Drahtseil, das die Wagenbewegung vermittelt, läuft über die Seiltrommel des Windwerkes, das über ein Vorgelege mit dem Antriebsmotor gekuppelt ist.

1. Windwerk. Der Antriebsmotor (Gleichstrommotor, 220 V, 3 kW) arbeitet über eine gewöhnliche Lederkupplung auf das Übersetzungsgetriebe, das mit zwei Geschwindigkeitsstufen ausgerüstet ist. Zwischen der Seiltrommel, die einen Durchmesser von 350 mm hat, und dem Geschwindigkeitsgetriebe ist eine Reibungskupplung eingebaut, die von Hand aus mit einem Hebel betätigt wird. Um ein Schlüpfen des Drahtseiles auf der Trommel auszuschließen, liegen immer 10 Windungen des Seiles (ca. 11 m) auf der Trommel. Die Feinregulierung der Motordrehzahl wird

durch einen im Nebenschluß liegenden Widerstand besorgt. Auf die Kupplungsscheibe der Lederkupplung wirkt außerdem noch eine Strombremse, die bei plötzlichem Ausschalten des Motors das Getriebe bzw. den Wagen abbremst.

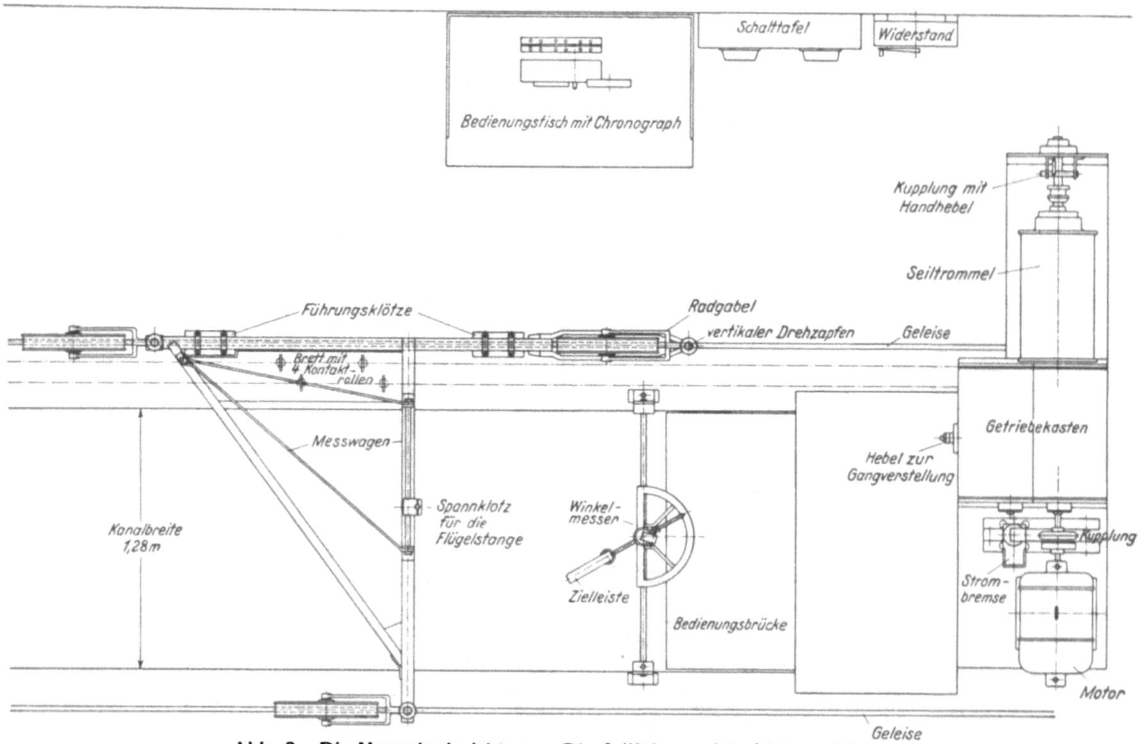

Abb. 2. Die Versuchseinrichtung. Die Seilführung ist nicht gezeichnet.

Abb. 3.

2. Meßwagen. Der Wagen ist als einfacher Dreiecksverband aus Winkeleisen und 2zölligem Gasrohr zusammengebaut. Das Grundsätzliche der Anordnung geht aus der schematischen Abb. 4 hervor. Der Wagen läuft mit drei Rädern auf dem Geleise; die Räder sind frei ausschwenkbar, in Radgabeln mit vertikalen Drehzapfen gelagert, und tragen lediglich das Gewicht des Wagens (rd. 200 kg). Die seitliche Führung des Wagens im Geleise während der Versuchsfahrt wird durch Kupferbacken bewirkt, deren Anliegen an den Schienen bei der Versuchsfahrtrichtung durch eine leichte Bremsung des Außenrades sichergestellt wird; die Räder stellen sich dabei durch Drehung der Radgabeln um die vertikalen Drehzapfen selbsttätig ein. Beim Zurückziehen des Wagens sorgen die den Kupferbacken gegenüberstehenden Federbacken für die Führung des Wagens, die Radgabeln drehen sich dabei allerdings aus der Mittelstellung heraus, so daß die Räder an den Flanschen anlaufen, aber genau gleichmäßiger Lauf des Wagens beim Zurückfahren wird ja nicht verlangt. Neben dem Flügelstangenträger sind noch die Kontaktrollen für die Signale am Wagen untergebracht.

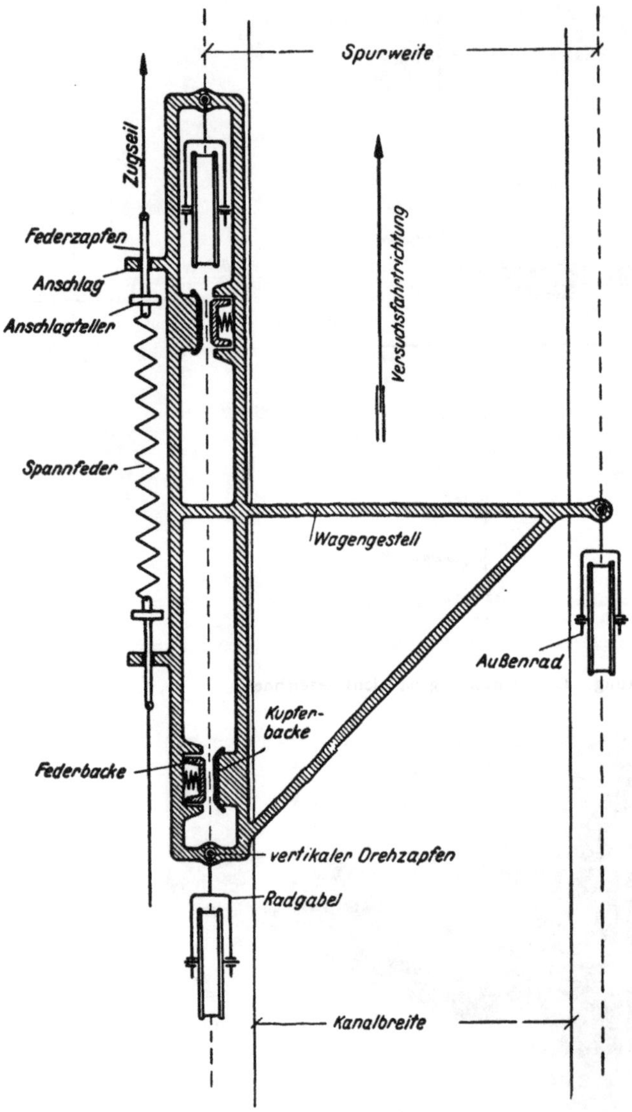

Abb. 4.

3. Das Geleise. Für den störungsfreien Lauf des Wagens ist ein einwandfreies Geleise erforderlich. Für das auch noch anderen Zwecken dienende Geleise wurde ein normales Feldbahnprofil gewählt. Die maschinell und von Hand gerichteten Schienen wurden möglichst genau parallel den Kanalwänden neu verlegt. Die Abweichungen nach dem Betonieren waren: in der Horizontalen ± 1 mm, in der Vertikalen $\pm 1,1$ mm. Diese Abweichungen können gegenüber den erheblich größeren Ungenauigkeiten der Gerinnewand (Beton) vernachlässigt werden.

4. Das Seil. Um den Durchhang des ca. 110 m langen, freilaufenden Seiles aufzunehmen, wurde im Wagen selbst zwischen den beiden Seilenden eine Spannfeder eingebaut (Abb. 4), die das zurücklaufende Seil immer gespannt hält. Bei der Fahrt kommt der Anschlagteller, der am Federzapfen des ziehenden Seilendes sitzt, zum Anliegen an den Anschlag am Wagengestell; das Spiel zwischen den Anschlägen am anderen Ende der Spannfeder kann durch Nachstellen der Umlenkrolle am Ende des Kanals auf dem gewünschten Wert von etwa 150 mm gehalten werden; dieses Spiel genügt, um die durch Temperaturänderungen und kleine Unregelmäßigkeiten des Laufes entstehenden Längenänderungen des Seils aufzunehmen. Abb. 4 gibt nur ein Schema, bei der Ausführung liegt das Seil über der Mitte der linken Schiene.

5. Die Signalübertragung. Vom Wagen aus werden über zwei Kontaktrollen die Streckenzeichen (von 5 m zu 5 m) und die Flügelsignale auf zwei blanke Kupferdrähte zu einem Bandchronographen übertragen. Die Rückleitung beider Stromkreise wurde an Erde gelegt. Die Sekundensignale werden in der im Institut üblichen Weise von der Siemens-Halske Normaluhr übernommen.

6. Der Winkelmesser. Jeder gewünschte Horizontalwinkel φ (Definition s. S. 6) ist unschwer durch Verdrehen der lotrechten Flügelstange einzustellen. Für Einstellung eines von 0 abweichenden Vertikalwinkels ε (S. 6) war es erforderlich, die Flügelstange jeweils auf das gewünschte Winkelmaß abzubiegen. Die vorliegenden Versuche befassen sich jedoch fast ausschließlich mit der Horizontalverdrehung; sofern nichts Gegenteiliges bemerkt wird, ist also $\varepsilon = 0$.

Der einfachste Weg zur Bestimmung der Horizontalverdrehung wäre der gewesen, die lotrechte Flügelstange zu verdrehen und den Verdrehungswinkel auf einer am oberen Spannklotz angebrachten Teilung abzulesen. Dieses Verfahren wäre aber zu ungenau gewesen, da der Teilkreis aus baulichen Gründen einen nur kleinen Durchmesser hätte erhalten können. Es wurde deshalb eine andere Einrichtung getroffen. Die Achse des Flügels, die auf der Oberkante des Flügels durch einen Riß sichtbar gemacht ist, wird von einer Zielleiste aus (Abb. 2 u. 5) über eine Glasscheibe mit feinem Haarstrich (ähnlich dem des Schiebers eines Rechenschiebers) anvisiert. Zielleiste wie Glasscheibe sind starr an einem Rohr angebracht, das verstellbar an einem Hebel befestigt ist. Das Rohr kann in der Hebelmuffe vertikal gleiten. Um jederzeit die Senkrechtstellung prüfen zu können ist am Gasrohr ein Lot angeordnet (Abb. 5).

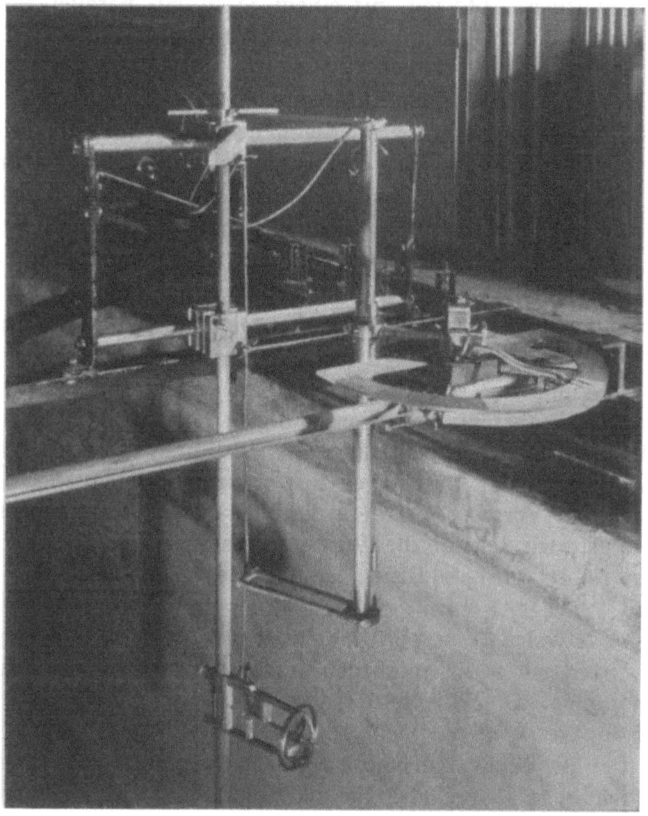

Abb. 5.

Der Hebel ist drehbar um den Mittelpunkt des Winkelmessers; ein Zeiger erlaubt dann auf der Teilung die jeweilige Winkelstellung abzulesen. Um eine gute Feineinstellung zu erreichen, wird der Hebel durch einen Schneckentrieb verstellt (Abb. 5). Die Ablesegenauigkeit dieses Gerätes kann mit $\pm 0{,}1^0$ angenommen werden. Der Winkelmesser selbst sitzt auf einem Gleitstück, das auf einer geschliffenen Tragachse über die ganze Kanalbreite verschoben werden kann und durch Federkeil in durchgehender Keilnut geführt wird (Abb. 5). Gelagert ist die Tragachse zu beiden Seiten des Kanals derart, daß sie auf der einen Seite vertikal, auf der anderen Seite horizontal eingestellt werden kann. Die Justierung des Winkelmessers wurde nach jeder Versuchsreihe kontrolliert.

III. Die Durchführung der Versuche und ihre Auswertung.

Die bisher durchgeführten Versuche*) an schräg angeströmten Flügeln ließen erwarten, daß bei schwach schräger Anströmung die Flügelanzeige nur wenig von der Anzeige des idealen Cosinus-Flügels abweichen werde. Um die Abweichungen genügend genau zu ermitteln, war eine sorgfältige Justierung und Nachprüfung der Einrichtungen erforderlich.

Der Winkelmesser wurde folgendermaßen justiert: zunächst wurde die Tragachse mittels einer Wasserwaage horizontal gelegt. In der ganzen Länge ($\sim$ 52 m) des entleerten Kanals wurde dann von Stirnwand zu Stirnwand ein dünner, ca. 0,3 mm starker Stahldraht gespannt und durch sorgfältiges Abtasten mit einem Stichmaß parallel zum Geleise ausgerichtet. Dann wurde der Stahldraht mit dem Winkelmesser anvisiert und der Teilkreis (Abb. 5), der auf dem Gleitstück mit drei Stellschrauben fixiert war, auf Null eingestellt.

Die Streckenkontakte waren in Abständen von 5 m angeordnet. Die Nachprüfung der Abstände ergab nur ganz unerhebliche Abweichungen, die für die Versuche ohne Belang waren und deswegen bei der Auswertung nicht berücksichtigt wurden.

Ein etwaiger Fehler durch ungenaue Teilung am Kontaktrad des Flügels wurde durch Verwendung nur einer Kontaktnocke am ganzen Umfang des Rädchens ausgeschaltet.

Erforderlich ist auch, daß die Geschwindigkeit des Meßwagens während der Schleppfahrt zeitlich unverändert ist. Bei der Nachprüfung wurden innerhalb des verwendeten Geschwindigkeitsbereiches keine Störungen beobachtet, die das Ergebnis irgendwie fälschen könnten.

Bei den Versuchen trat eine Erscheinung auf, deren Klärung nicht gelang. Nach mehreren Schleppfahrten bildete sich am Flügelgestell, auffälligerweise nicht auch auf der Schaufel, ein schleimiger Niederschlag, der sich sandig anfühlte. Die Bedingungen für die Bildung dieses Niederschlages können nach den bisherigen Wahrnehmungen nicht angegeben werden, da es nicht gelungen ist, willkürlich das Beschlagen hervorzurufen. Möglicherweise handelt es sich um einen elektrochemischen Vorgang, bei dem die chemische Zusammensetzung des Wassers besonders ins Gewicht fällt; auch scheint die Wassertemperatur, die Größe der Spannung, mit der das Kontaktwerk betrieben wird, und die Metallart des Flügelgestelles von Einfluß zu sein.

Die Wassertemperatur während der Hauptversuche schwankte zwischen 12° und 15°. Um eine etwaige Temperaturabhängigkeit der Flügelanzeige festzustellen, wurden einige Versuchsfahrten bei zwei absichtlich erzeugten extremen Wassertemperaturen (9,1° und 14,2° C) vorgenommen. Die ermittelte Temperaturabhängigkeit war so klein, daß sie bei der Auswertung der Hauptversuche vernachlässigt werden durfte.

Bei den Versuchen war der Meßweg stets 35 m Wagenweg. Es wurden immer 100 Flügelumdrehungen ausgezählt. Bei der Auswertung der Meßstreifen wurde die Rechnung mit der Rechenmaschine fünfstellig vorgenommen. Alle Versuchsergebnisse wurden auf $v = 1$ m/s Wagengeschwindigkeit umgerechnet durch graphische Interpolation dreier Schleppfahrten in Nähe von $v = 1$ m/s.

Bezeichnungen:

$\varphi =$ Winkel zwischen der Fahrtrichtung und der Horizontalprojektion der Flügelachse. Die Festsetzung des Vorzeichens für φ ist aus Abb. 6 ersichtlich.

$\varepsilon =$ Winkel zwischen Flügelachse und ihrer Horizontalprojektion. ε wird positiv gerechnet, wenn die Anströmung von oben erfolgt, die Flügelachse also nach unten geneigt ist.

$v =$ Geschwindigkeit des Meßwagens in m/s.

$n =$ Umläufe/s des Flügelrades.

$\nu = \frac{n}{v} =$ Flügeldrehungen für 1 m Wagenweg.

---

*) Siehe Literaturverzeichnis (Seite 19).

Die Fußnote o, z. B. ν_0, bezeichnet den Fall der geraden Anströmung ($\varphi = 0$, $\varepsilon = 0$).

Die Tabelle (s. Anhang) und Abb. 7 zeigen als Beispiel die Ermittlung von fünf Versuchspunkten (die Werte sind derselben Versuchsreihe entnommen). Das Versuchsprotokoll ist dabei gekürzt, die Ermittlung der Wagengeschwindigkeit v, wie die Angabe der Einzelmessungen am Streifen sind weggelassen.

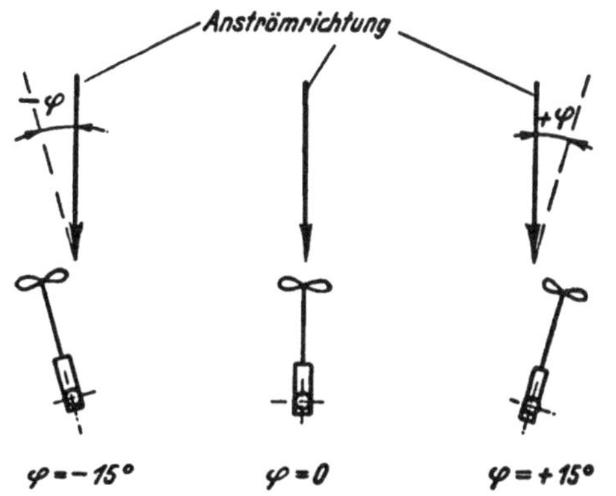

Abb. 6.

IV. Die Vorversuche.

Der Zweck der Vorversuche war ein dreifacher:

1. zu prüfen, ob für einen kleinen Bereich die Flügelumlaufzahl genügend genau proportional der Anströmgeschwindigkeit ist,
2. die Zulässigkeit der Annahme zu erweisen, daß bei kleinen zufälligen Verschiebungen des Flügels aus der Kanalmitte die Anzeige durch Wandeinfluß nicht merklich geändert wird,
3. Einzelheiten für die Durchführung der Hauptversuche zu klären, wie Einfluß der Eintauchtiefe der Flügelstange und der Dauer der Pausen zwischen aufeinanderfolgenden Versuchen.

Zu 1. Wenn die Flügeldrehzahl n proportional der Anströmgeschwindigkeit ist, so müßte sich nach dem auf Seite 6 gemachten Ansatz

$$\nu = \frac{n}{v} = \text{const}$$

eine Horizontale ergeben, wenn ν über v aufgetragen wird. Die Abb. 7 zeigt, daß n nicht genau proportional der Wassergeschwindigkeit ist, aber wenn man den Maßstab der Darstellung beachtet, erkennt man doch, daß die Abweichungen von der Proportionalität so gering sind, daß bei den praktisch vorkommenden Verhältnissen die richtige Mittelwertbildung erreicht wird und daß es auch zulässig ist, die allgemeine Forderung a durch die spezielle Forderung a' (Cosinus — Flügel) zu ersetzen (s. auch S. 2).

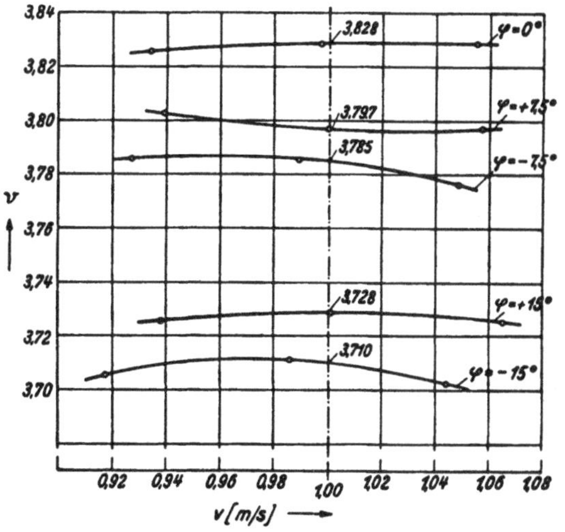

Abb. 7.

Zu 2. Die lichte Weite b des Meßkanals beträgt 1,28 m. Die Ungenauigkeiten der Wand wurden durch Abtasten mit Stichmaß ermittelt, die Lichtweite schwankte um ± 6 mm.

Die Versuche wurden in zwei Reihen durchgeführt. In der ersten Reihe wurde der handelsübliche Schutzringflügel Typ IX c Nr. 1034 (Flügelraddurchmesser $= 90{,}9$ mm) von Mitte Kanal achsenparallel ($\varphi = 0$) nach der Wand hin verschoben und für die drei Geschwindigkeiten 0,80; 1,00 und 1,20 m/s untersucht. Für jede der drei Geschwindigkeiten wurden drei Versuche gemacht, so daß die

Flügeldrehzahlen für genau 0,80; 1,00 und 1,20 m/s durch graphische Interpolation gefunden werden konnten. Abb. 8 gibt die Ergebnisse. Über δ ist aufgetragen:

$$\frac{v - v_{\text{Kanalmitte}}}{v_{\text{Kanalmitte}}},$$

dabei ist:

$$\delta = \frac{\text{Wandabstand des Flügelachsenmittels}}{\text{Durchmesser des Flügelrades}}.$$

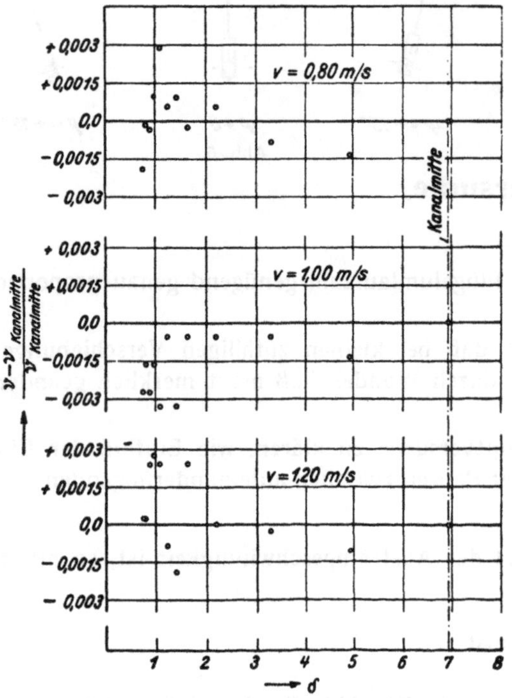

Abb. 8. Ott-Flügel, Typ IX c, Nr. 1034. Verschiebung aus Kanalmitte. $\varepsilon = 0$, $\varphi = 0$ (gerade Anströmung).

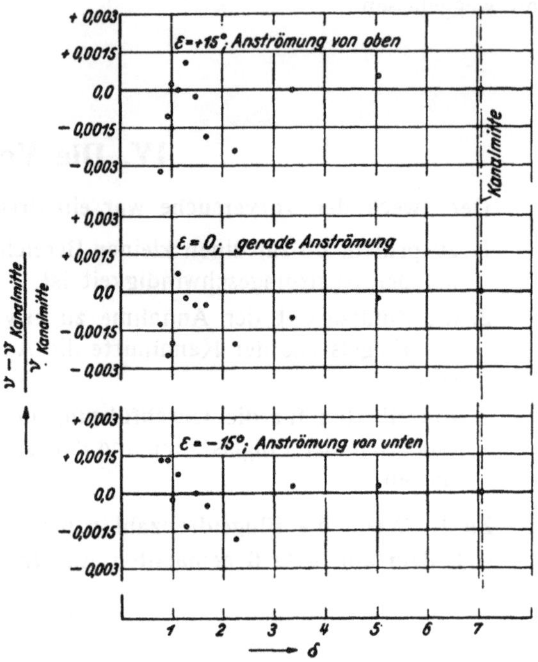

Abb. 9. Ott-Flügel, Typ IX c, Nr. 2772. Verschiebung aus Kanalmitte. $\varphi = 0$, $v = 1{,}00$ m/s.

Für die zweite Versuchsreihe (Abb. 9) wurde ebenfalls ein Schutzringflügel gleichen Typs Nr. 2772 (Flügelraddurchmesser 89,5 mm) benützt, nur war der Flachring durch einen Profilring ersetzt (s. auch S. 16). Hier wurde die Untersuchung auf eine Geschwindigkeit — 1 m/s — beschränkt, jedoch wurde die Flügelachse in der Vertikalebene verdreht, weil man bei Beachtung der Symmetrieverhältnisse dabei den stärkeren Wandeinfluß zu vermuten hatte: $\varepsilon = -15^0$; 0 und $+15^0$, alles bei $\varphi = 0$. Alle übrigen Versuchsbedingungen waren für beide Versuchsreihen die gleichen. Die Eintauchtiefe wurde konstant auf 0,5 m gehalten. Für beide Flügel wurde die gleiche Flügelstange benützt, die bündig mit dem Flügelgestell abschloß (s. auch S. 9).

Die beiden Abbildungen lassen erkennen, daß bei gerader wie bei schräger Anströmung keine fühlbare Beeinflussung der Flügelanzeige bei Verschiebung aus der Kanalmitte durch die Kanalwand hervorgerufen wird.

Zu 3. Das Wasser, das durch das Schleppen in Strömung versetzt wird, beruhigt sich asymptotisch. Der Einfluß der Dauer der Versuchspausen mußte ermittelt werden.

Die vor Beginn der Schleppfahrten bestehende vollkommene Ruhe des Wassers wird nämlich während der Versuchsfahrten nie wieder erreicht werden, da die einzelnen Pausen nicht übermäßig lang gemacht werden können. Die Beobachtungen am vorliegenden Meßkanal haben gezeigt, daß die Wellenbewegungen des Wassers verhältnismäßig rasch abklingen und nach einigen Minuten verschwunden sind. Viel gefährlicher ist die innere Bewegung des Wassers; nach jeder Schleppfahrt wird das Wasser in der Mitte des Kanals in der Fahrtrichtung strömen und an den Wänden gegen die Fahrtrichtung zurücklaufen. Dieser Strom des Wassers wurde durch die Rückfahrt des Wagens abgebremst. Dabei wurde durch Beobachtungen 0,45 m/s als zweckmäßige Rücklaufgeschwindigkeit ermittelt für den Fall, daß die Meßfahrt mit ~1 m/s gemacht war.

Die Versuche wurden für drei verschiedene Pausenlängen, nämlich 0 min, 5 min und 15 min angestellt; d. h. nach dem Zurückziehen des Wagens wurden Wartezeiten von 0 bzw. 5 bzw. 15 min eingelegt. Die Meßfahrten wurden in einem Geschwindigkeitsbereich von 0,80 m/s bis ca. 1,50 m/s bei gerader Anströmung ($\varphi = 0$, $\varepsilon = 0$) durchgeführt. Zurückgezogen wurde der Wagen immer mit 0,45 m/s. Zwischen den Versuchen mit Pausen von 5 min und von 15 min Dauer waren keinerlei Unterschiede zu bemerken, während sich zwischen den Versuchen mit Pausen von 0 min und mit 5 min Abweichungen von ~1/3% ergaben; der Flügel drehte sich dabei nach Pausen von 0 min schneller als nach Pausen von 5 min und von 15 min.

Die Flügelanzeige wird außerdem davon beeinflußt, ob die Stange durch das Flügelgestell hindurchgeht oder bündig mit der Gestellunterkante abschließt. In Abb. 10 sind die Ergebnisse für Flügel Nr. 2772 bei einer Schräganströmung bis zu $\pm 15^0$ bei sonst gleichen Versuchsbedingungen für beide Befestigungsarten dargestellt. Dabei ist

$$100 \cdot \frac{\nu - \nu_0 \cdot \cos \varphi}{\nu_0 \cdot \cos \varphi}$$

über dem Verdrehungswinkel φ aufgetragen.

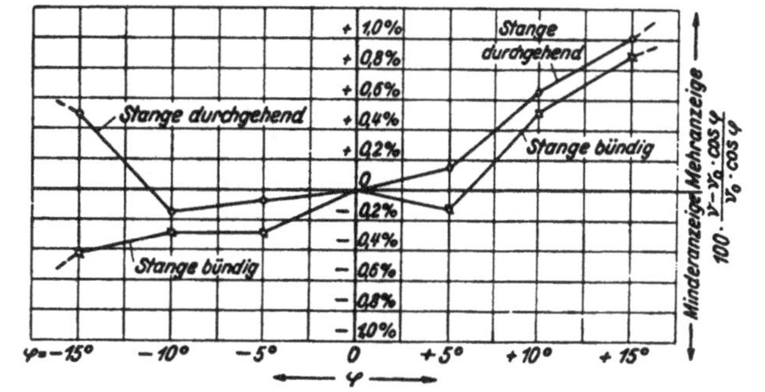

Abb. 10. Ott-Flügel, Typ IXc, Nr. 2772. Einfluß der Flügelstange.

Um eine etwaige Abhängigkeit der Flügelanzeige von der Eintauchtiefe festzustellen wurden Versuche mit zwei Schutzringflügeln annähernd gleicher Schutzringdurchmesser (Nr. 1034 und Nr. 2772) unter Benutzung von Flügelstangen mit verschiedenen Querschnitten (kreisrund und Profil) sowohl für gerade als auch für schräge Anströmung durchgeführt.

Nur für sehr kleine Werte $\frac{k}{d}\left(\frac{k}{d} \leq 1{,}26\right)$, wobei k die Eintauchtiefe und d den Flügelraddurchmesser bedeuten, also dicht unter dem Wasserspiegel, ging die Anzahl der Flügeldrehungen pro 1 m Wagenweg deutlich herab. Für einen weiten Bereich $\frac{k}{d}\left(\frac{k}{d} \geq 1{,}9\right)$ war kein Einfluß der Eintauchtiefe erkennbar.

Für die folgenden Hauptversuche, die bei gleichbleibender Eintauchtiefe von 0,50 m, d. h. $\frac{k}{d} \cong 5{,}5$, angestellt wurden, waren kleine Ungenauigkeiten bei der Einstellung der Eintauchtiefe deswegen bedeutungslos.

V. Die Hauptversuche.

1. Allgemeiner Überblick.

Die Wirkung der seitlichen Schräganströmung (bei horizontaler Flügelachse, $\varepsilon = 0$) in dem Bereich von ($-45^0 < \varphi < +45^0$) auf verschiedene Flügelbauarten geht aus Abb. 11 hervor: die Werte von $\frac{\nu}{\nu_0}$ ($\nu =$ Flügeldrehungen pro 1 m Wagenweg bei Schrägstellung, $\nu_0 =$ Flügeldrehungen pro 1 m Wagenweg bei gerader Anströmung, beides bei 1 m/s Fahrgeschwindigkeit) sind über φ aufgetragen. Dabei sind auch die Cosinuslinien eingezeichnet, denen die $\frac{\nu}{\nu_0}$-Kurve eines idealen Flügels folgen müßte.

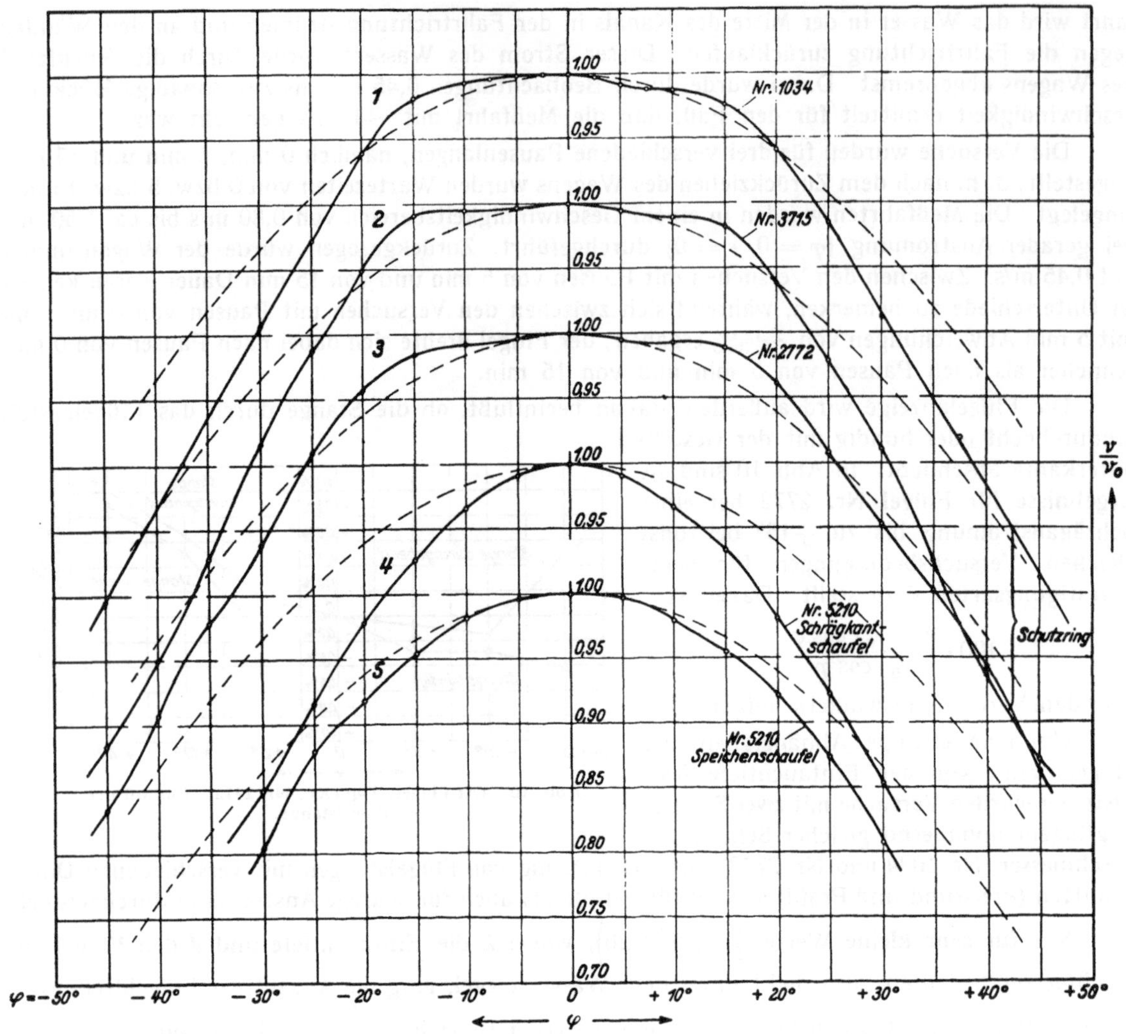
1
2
3
4
5
Nr. 1034
Nr. 3715
Nr. 2772
Nr. 5210 Schrägkantschaufel
Nr. 5210 Speichenschaufel
Schutzring
1,00
0,95
0,90
0,85
0,80
0,75
0,70
$\frac{v}{v_0}$
$\varphi = -50°$
− 40°
− 30°
− 20°
− 10°
0
+ 10°
+ 20°
+ 30°
+ 40°
+ 50°
φ

Abb. 11.

Abb. 12.

Die mit 1., 2., 3., 4. und 5. bezeichneten Kurven beziehen sich auf folgende handelsübliche Bauarten (Abb. 12):

1. Schutzringflügel Typ IXc Nr. 1034 (90,8 mm Flügelraddurchmesser),
2. » » » 3715 (56,8 » »),
3. » » IXc » 2772 (89,5 » »),
   (gleiche Bauart wie Nr. 1),
4. Flügel V Texas mit Schrägkantschaufel Nr. 5210 (125,0 mm Flügelraddurchmesser)
5. » V » » Speichenschaufel Nr. 5210 (120,2 mm »)

Bei kleinen Winkeln ($-15^0 < \varphi < +15^0$) weicht die beobachtete $\frac{v}{v_0}$-Kurve bei Flügel 5 am wenigsten von der Cosinuslinie ab, die $\frac{v}{v_0}$-Kurve liegt dabei im ganzen Bereich unter der Cosinuslinie. Auffallend ist, daß die Anzeige der drei Schutzringflügel deutlich unsymmetrisch ist, während Flügel 4 und 5 eine praktisch symmetrische Anzeige ergeben.

Zunächst wurde versucht bei den Flügeln 1, 2 und 3 die Unsymmetrie der Anzeige zu beseitigen.

2. Verminderung der Unsymmetrie der Anzeige.

Es liegt nahe, die Unsymmetrie der Anzeige dem einseitig angeordneten Zählwerk (Abb. 13 und 16) zur Last zu legen. Die Verkleidung des Zählwerks (Abb. 13) füllt auf der einen Seite (oben) den Raum zwischen der Flügelachse und der Gestellinnenkante aus. Der vor dem Schutzblech

Abb. 13. Ott-Flügel, Typ IXc, Nr. 1034 mit einseitiger Verkleidung.

Abb. 14. Ott-Flügel, Typ IXc, Nr. 1034 mit durchgehender Verkleidung.

entstehende Stauhügel wirkt auf das Flügelrad verschieden ein, je nachdem ob er rechts oder links von der Verkleidung steht; bei Anströmung von links würden nur dann dieselben Strömungsverhältnisse wie bei Anströmung von rechts vorliegen, wenn beim Wechsel der Anströmseite auch der Drehsinn der Flügelschraube umgekehrt, d. h. das Flügelrad durch ein spiegelbildliches Flügelrad ersetzt würde (alle untersuchten Flügel hatten rechts gewundene Schraubenflächen). Der Einfluß der der Schraubenfläche des Flügelrades notwendigerweise anhaftenden Unsymmetrie könnte grundsätzlich dadurch beseitigt werden, daß alle anderen Teile rotationssymmetrisch zur Flügelachse ausgebildet werden. Die Zählwerksverkleidung wäre dabei aber so unförmig ausgefallen und hätte einen so erheblichen Wasserwiderstand erzeugt, daß die Ausführung nicht versucht wurde. Deshalb begnügte man sich damit, das einseitige Schutzblech versuchsweise durch eine über die ganze Gestellbreite durchgehende, an der Gestellnabe befestigte Verkleidung zu ersetzen (Abb. 14).

In Abb. 15 sind die Versuchsergebnisse für diese Ausführung dargestellt. Es wurde tatsächlich eine Verminderung der Unsymmetrie erzielt. Die noch erkennbaren Abweichungen sind wohl kleinen Ungenauigkeiten in der Ausführung des Flügelgestelles und dem Einfluß der Flügelstange zuzuschreiben, die bei diesen Versuchen bündig mit der Gestellunterkante abschloß, also eine Unsymmetrie der Anordnung erzeugte (s. auch unter Abschnitt IV, 3, S. 9).

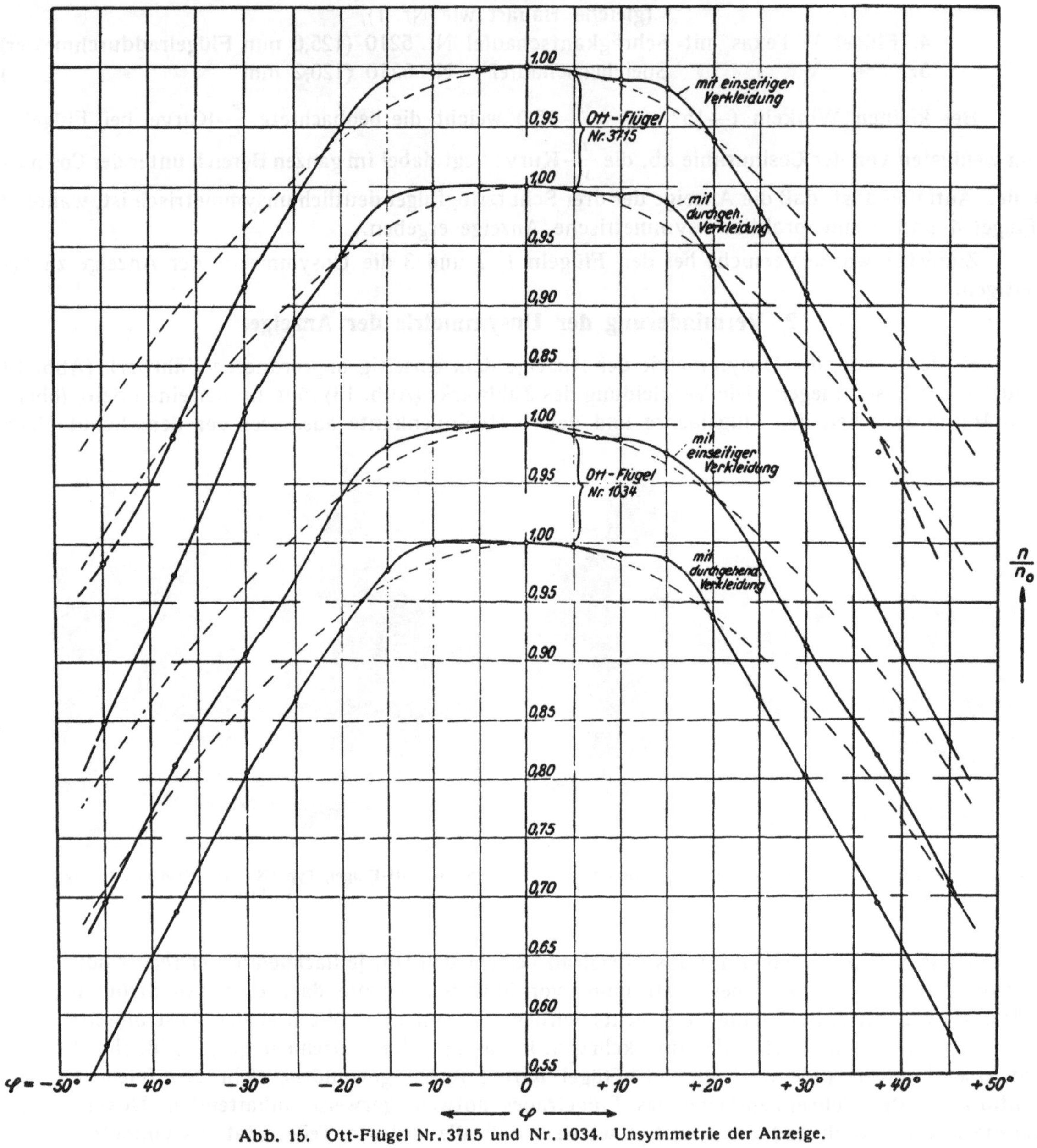

Abb. 15. Ott-Flügel Nr. 3715 und Nr. 1034. Unsymmetrie der Anzeige.

Der Vorteil, den die durchgehende Verkleidung durch die Verminderung der Unsymmetrie der Anzeige bot, wurde jedoch aufgehoben durch den Nachteil des sehr großen Widerstandes für starke Schrägströmung ($\varphi \geqq \pm 40^0$), der besonders bei den schwächeren Flügelstangen starke Erzitterungen veranlaßte. Die folgenden Versuche sind, falls nichts Gegenteiliges bemerkt worden ist, immer mit einseitiger Verkleidung durchgeführt worden.

3. Korrektur der Flügelanzeige durch Änderungen des Schutzringes.

Der Zweck der im folgenden beschriebenen Versuche war durch Abänderung des die Strömung im Schraubenkreise besonders bei schräger Anströmung fraglos stark beeinflussenden Schutzringes bei Schutzringflügeln eine bessere Annäherung der $\frac{v}{v_0}$-Kurve an die Cosinuslinie zu erreichen.

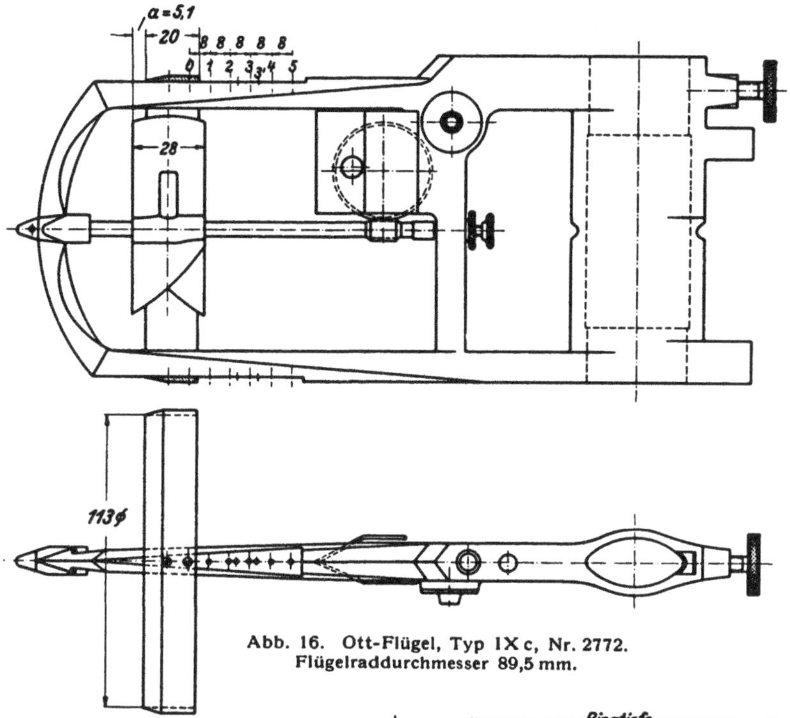

Abb. 16. Ott-Flügel, Typ IXc, Nr. 2772. Flügelraddurchmesser 89,5 mm.

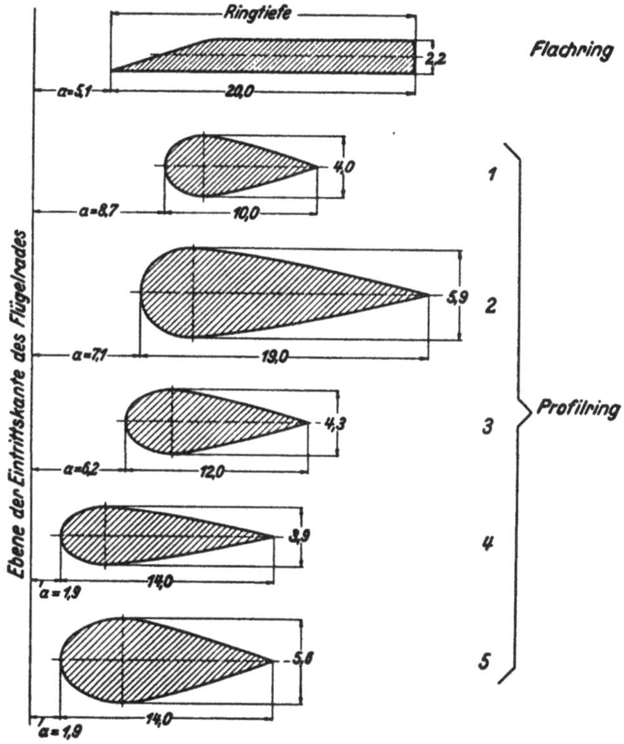

Abb. 17.

Der Flügel 3, mit dem diese Versuche durchgeführt wurden, besitzt in der handelsüblichen Ausführung (Abb. 16) einen Schutzring (Flachring) nach Abb. 17. Schon bei mäßig schräger Anströmung muß sich dabei eine Ablösung an der scharfen Eintrittskante des Ringes ergeben, deren Wirbel zum Teil durch den vom Flügelrad bestrichenen Raum abziehen.

In einer ersten Versuchsreihe wurde der unveränderte Flachring parallel zu der in der Abbildung gezeichneten Normallage ($a =$ 5,1 mm, s. Abb. 16) auf dem Flügelgestell um verschiedene Strecken nach rückwärts verschoben. In einer zweiten Versuchsreihe wurde eine Kombination des bei starker Verschiebung seinen eigentlichen Zweck nicht mehr erfüllenden Flachringes mit einem um das Flügelrad als Schutz herumgelegten

Profilring untersucht. In der dritten Versuchsreihe wurden schließlich unter Fortlassung des Flachringes verschiedene, nicht nach rückwärts verschobene Profilringe untersucht.

Der Schutzringflügel Typ IXc von Ott, der für alle Versuchsreihen benutzt wurde, ist im Abb. 16 mit dem normalen Flachring dargestellt. Dieser Flachring ist auf dem Gestell durch Schräubchen befestigt, deren Mittellinie bei 0 angegeben ist. Zwecks Verschiebung des Ringes wurden im Gestell noch andere, weiter zurückliegende Gewindelöcher 1, 2, 3, 3', 4 und 5 derart vorgesehen, daß der Ring bis zu 40 mm nach rückwärts verschoben werden konnte. Zur Kennzeichnung der Ringstellung bei den Versuchen soll der Abstand a von der Eintrittsebene des Ringes bis zu der Ebene dienen, in der die Eintrittskanten der Flügelschaufeln liegen. Bei dem Flügel Nr. 2772 im handelsüblicher Anordnung ist, wie erwähnt, $a = 5{,}1$ mm. Die Austrittskanten des Flügelrades sind 28 mm von der Ebene der Eintrittskanten entfernt, der Flachring ist 20 mm tief. Die Lichtweite des Ringes war bei allen Versuchsringen 113 mm. Bei allen Versuchen wurden die äußeren Versuchsbedingungen wie z. B. Eintauchtiefe, Flügelstange und Einbauart gleichgehalten, sofern nichts Gegenteiliges bemerkt ist.

1. Versuchsreihe: Verschiebung des Flachringes.

In Abb. 18 ist abhängig vom Winkel φ die in Hundertteilen ausgedrückte Abweichung der tatsächlichen Anzeige von der gewünschten, sich wie $\cos\varphi$ verändernden Anzeige, d. h. der bereits erwähnte Wert

$$100 \cdot \frac{v - v_0 \cdot \cos\varphi}{v_0 \cdot \cos\varphi}$$

für verschiedene Stellungen des Flachringes aufgetragen. Der Flügel wurde bei diesen Versuchen, die zunächst klären sollten, was überhaupt zu erreichen war, nur nach links (in Fahrtrichtung gesehen, entsprechend negativen Werten von φ (s. Abb. 6) gegen die Fahrtrichtung verdreht.

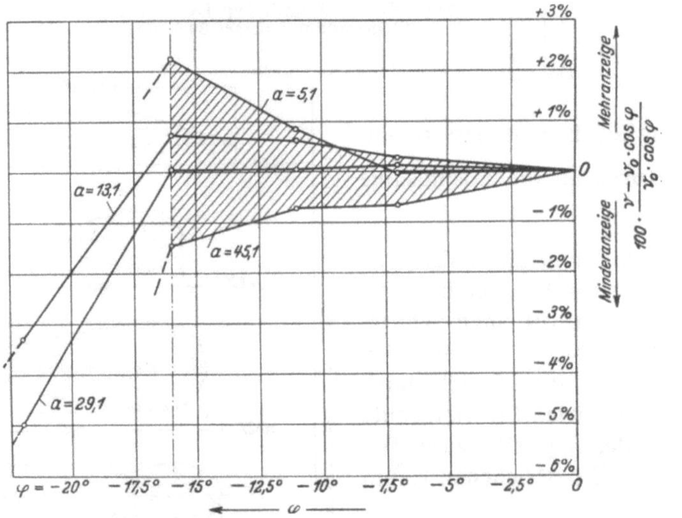

Abb. 18. Ott-Flügel, Typ IXc, Nr. 2772. Verschiebung des Flachringes.

Bei Normalstellung des Ringes ($a = 5{,}1$ mm) sind die Abweichungen bis etwa $\varphi = -7^0$ nur gering, bei größerer Schräge der Anströmung wird aber dann die Anzeige zunächst erheblich zu groß. Bei der größten Verschiebung ($a = 45{,}1$ mm) ist die Anzeige im ganzen untersuchten Bereich zu klein. Das günstigste Verhalten ergab sich bei $a = 29{,}1$ mm. Der quadratische Mittelwert der Abweichung in dem Bereich von $\varphi = 0$ bis $\varphi = 16^0$ beträgt 0,08%. Mit dieser günstigen Stellung wurde der Flügel nunmehr in dem Bereich von $\varphi = -30^0$ bis $\varphi = +30^0$ geprüft, und zwar sowohl mit bündig abschließender Stange als auch mit durchgehender Stange, da nach den Vorversuchen (Abb. 10) zu erwarten war, daß das Verhalten in beiden Fällen etwas verschieden sein werde. Das Ergebnis ist in den beiden oberen Linienzügen der Abb. 19 dargestellt. Dabei ergaben sich etwas größere Abweichungen als bei den Vorversuchen; besonders bei positiven Winkeln φ und bei durchgehender Stange weicht die Anzeige in dem Bereich kleinerer Schrägstellungen stärker von der Cosinuslinie ab. Deswegen wurde noch eine Zwischenstellung 3′ ($a = 32{,}1$ mm) untersucht. Das Ergebnis ist in den beiden unteren Linienzügen der Abb. 19 dargestellt. Durch den Vergleich der sich auf denselben Flügel Nr. 2772 bei Normalausführung beziehenden Kurve 3 in Abb. 11 erkennt man, daß in dem Bereich der praktisch wichtigen, kleinen Schrägströmungen das Verhalten des Flügels erheblich verbessert worden ist.

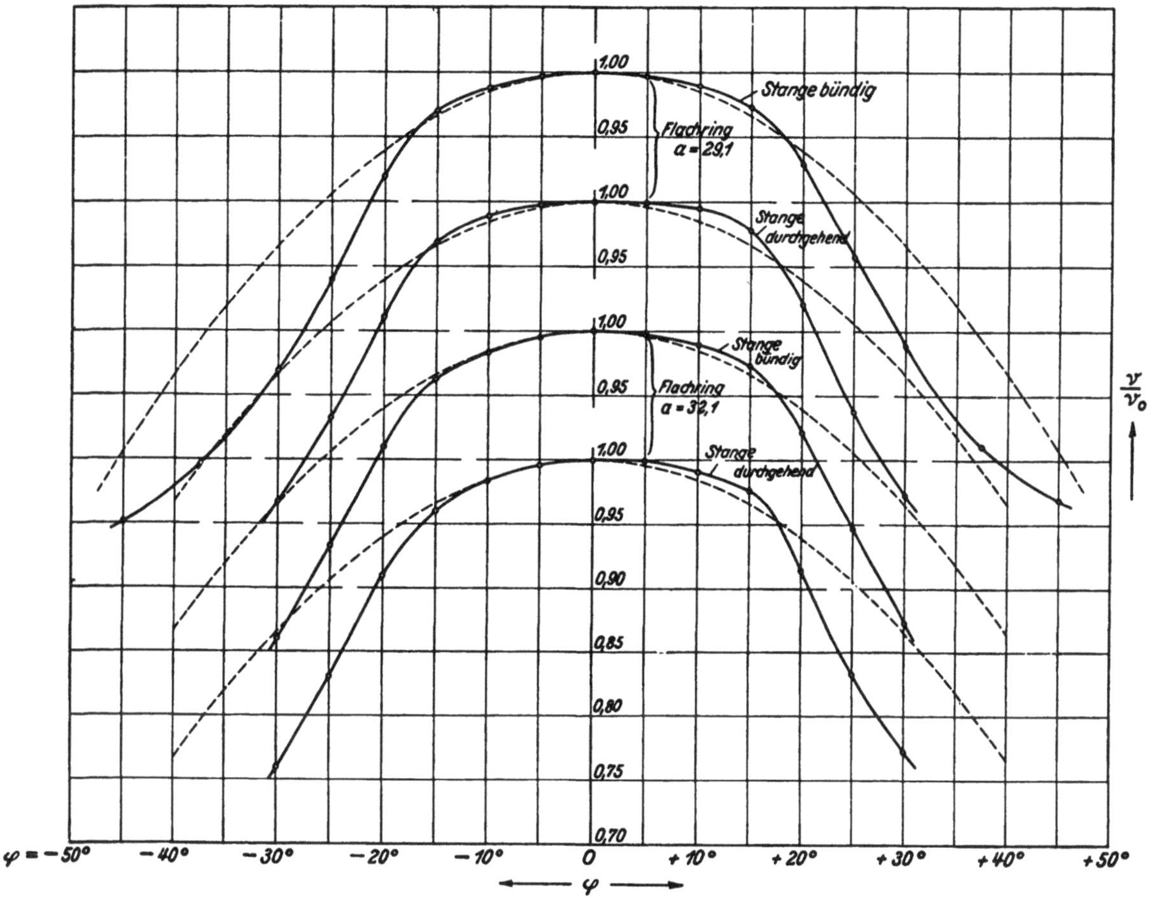

Abb. 19. Ott-Flügel, Typ IX c, Nr. 2772. Flachring $a = 29{,}1$ mm und 32,1 mm.

2. Versuchsreihe: Kombination von zwei Ringen.

Bei Bewertung der Ergebnisse des vorigen Abschnittes darf nicht außer acht gelassen werden, daß für $a = 29{,}1$ bzw. 32,1 mm der eigentliche Zweck des Schutzringes nicht mehr erfüllt und ein genügender Schutz der Schaufel nicht mehr gewährleistet ist.

Es erschien deshalb ratsam, neben dem Flachring an geeigneter Stelle noch einen zweiten Ring auf dem Gestell anzuordnen, der nur dem Schutz der Schaufel dienen, die Strömung aber möglichst wenig beeinflussen sollte, so daß die günstige Wirkung des stark verschobenen Flachringes nicht beeinträchtigt wird. Deswegen wurde ein sehr schmaler Profilring mit ellipsenförmigen Kopf (Achsenverhältnis 2 : 3) gewählt (Abb. 17, Profilring 1). Um den Ring am Gestell sicher befestigen zu können, wurde es wegen der geringen Tiefe des Ringes (10 mm) notwendig zwischen die innere Wölbung des Profiles und das Gestell Füllstücke einzusetzen.

Die Versuche, deren Ergebnisse Abb. 20 zeigt, erstreckten sich über folgende Kombinationen:

1. Flachring ($a = 29{,}1$ mm), Profilring 1 ($a = 8{,}7$ mm),
2. Flachring ($a = 5{,}1$ mm), Profilring 1 ($a = 32{,}7$ mm),

und schließlich Profilring 1 ($a = 8{,}7$ mm) bei Abwesenheit des Flachringes. Der Wunsch, daß der Profilring ohne Einfluß auf die Flügelanzeige sein sollte, konnte nicht erfüllt werden (Kombination 1). Es ist eine wesentliche Verschlechterung des bisher erreichten Verhaltens (Flachring bei $a = 29{,}1$ mm) eingetreten. Überraschend ist das Ergebnis, das eine Vertauschung der beiden Ringe erbrachte (Kombination 2). Bei Kombination 2 bleibt bis zu —15° Schräge die Anzeige konstant, d. h. die Flügeldrehzahl hängt nur von der Gesamtgeschwindigkeit, nicht von der Schräglage ab. Wenn dieses Verhalten bei der für genaue Wassermessungen üblichen Anordnung auch recht unerwünscht ist, so kann es doch in besonderen Fällen vorteilhaft sein. Ein Flügel dieser Art ist nämlich gegen ungenaue Orientierung der Flügelachse (nicht genau senkrecht zum Meßquerschnitt) unempfindlich, wenn die Strömung überall senkrecht zum Meßquerschnitt läuft. Wenn beispielsweise die Flügelstange nur von Hand gehalten und nach Augenmaß eingestellt wird, können die bei dem idealen Cosinusflügel durch die ungenaue Orientierung entstehenden Fehler größer werden als die Fehler, die bei einem Flügel der letztgenannten Art durch die Schrägströmung infolge der turbulenten Nebenbewegungen entstehen.

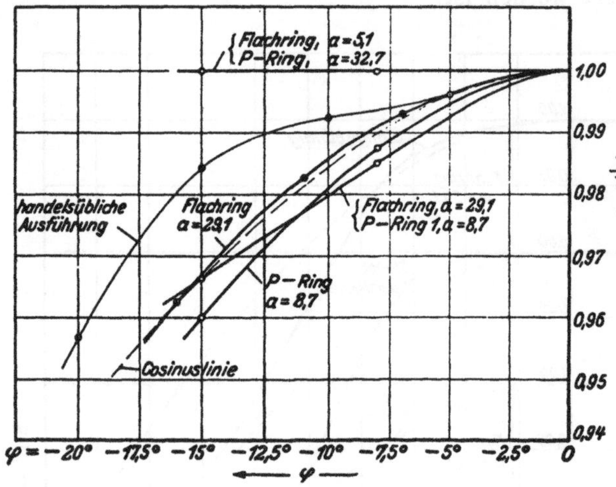

Abb. 20. Ott-Flügel, Typ IXc, Nr. 2772. Kombinationen aus zwei Ringen.

Ungleich wichtiger und für die weiteren Versuche von ausschlaggebender Bedeutung ist die Anzeige mit Profilring 1 ($a = 8{,}7$ mm) bei Abwesenheit des Flachringes. Der Profilring in dieser Stellung schützt den Flügel fast ebenso gut wie der Flachring bei der handelsüblichen Ausführung, gewährt aber eine erheblich bessere Annäherung an die Cosinuslinie.

3. Versuchsreihe: Ermittlung der besten Form des Profilringes.

Es lag nahe, auch anders geformte Profilringe zu untersuchen. Abb. 17 zeigt die auf Grund der Versuchserfahrungen nacheinander ausgeführten Ringe. Für das vorläufige Probieren wurde die Untersuchung nur mit negativen Werten von φ durchgeführt. Abb. 21 gibt die Ergebnisse für die verschiedenen Formen wieder. Da nach früheren Erfahrungen die bei negativen Werten von φ erhaltenen Ergebnisse wegen der Unsymmetrie der Anzeige nicht genau auf positive Werte von φ übertragbar sind, wurden die besten Formen auch noch bei positivem φ untersucht und ein Ring ausgemittelt, der die beiderseitigen Mehr- oder Minderanzeigen in ein brauchbares Verhältnis brachte; Profil 5 ergab das günstigste Verhalten.

In Abb. 21 ist das Verhalten von Profil 5 bei Verdrehung nach beiden Seiten für einseitige und durchgehende Verkleidung (s. auch S. 11) dargestellt. Bei $\varphi = -15^0$ ist die Abweichung bei durchgehender Verkleidung des Zählwerkes positiv, bei einseitiger Verkleidung negativ, bei ungefähr gleichem Betrage. Für Profil 3 war es übrigens notwendig mehrere Versuchsreihen zu fahren, da dieses Profil aus unbekannten Gründen starke Streuungen ergab; in Abb. 21 sind für dieses Profil nur die Mittelwerte der Anzeige angegeben.

Es ergab sich ferner, daß die Flügelanzeige gegen auch nur geringe Profiländerungen des Ringes recht empfindlich ist; eine Änderung der Tiefe des Ringes um 0,5 mm (Abb. 17) hatten Ände-

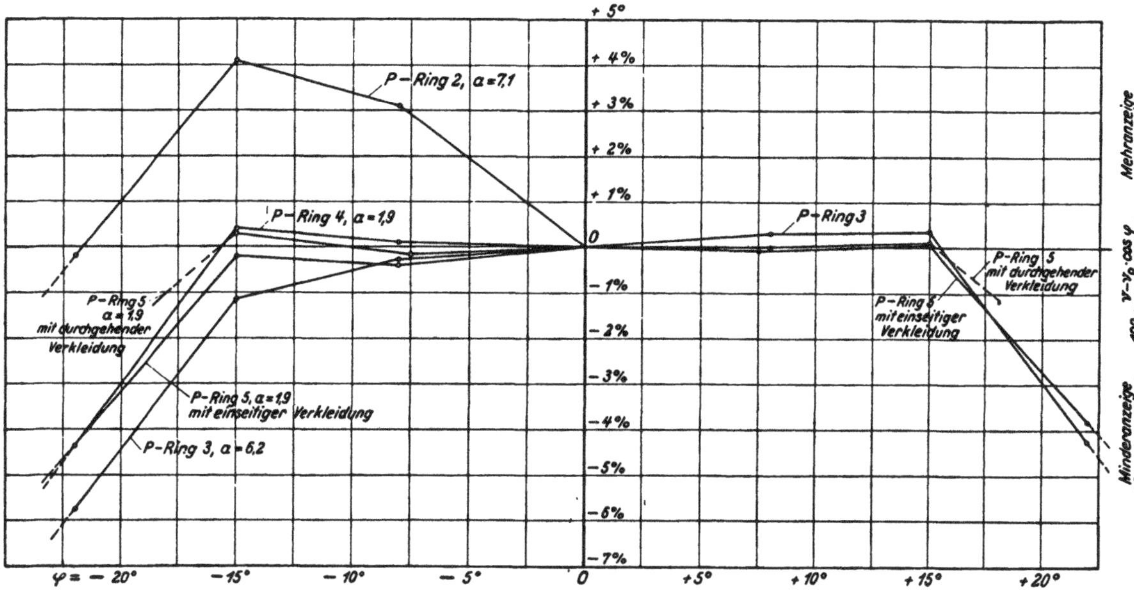

Abb. 21. Ott-Flügel, Typ IX c, Nr. 2772. Ausmittlung eines Profilringes.

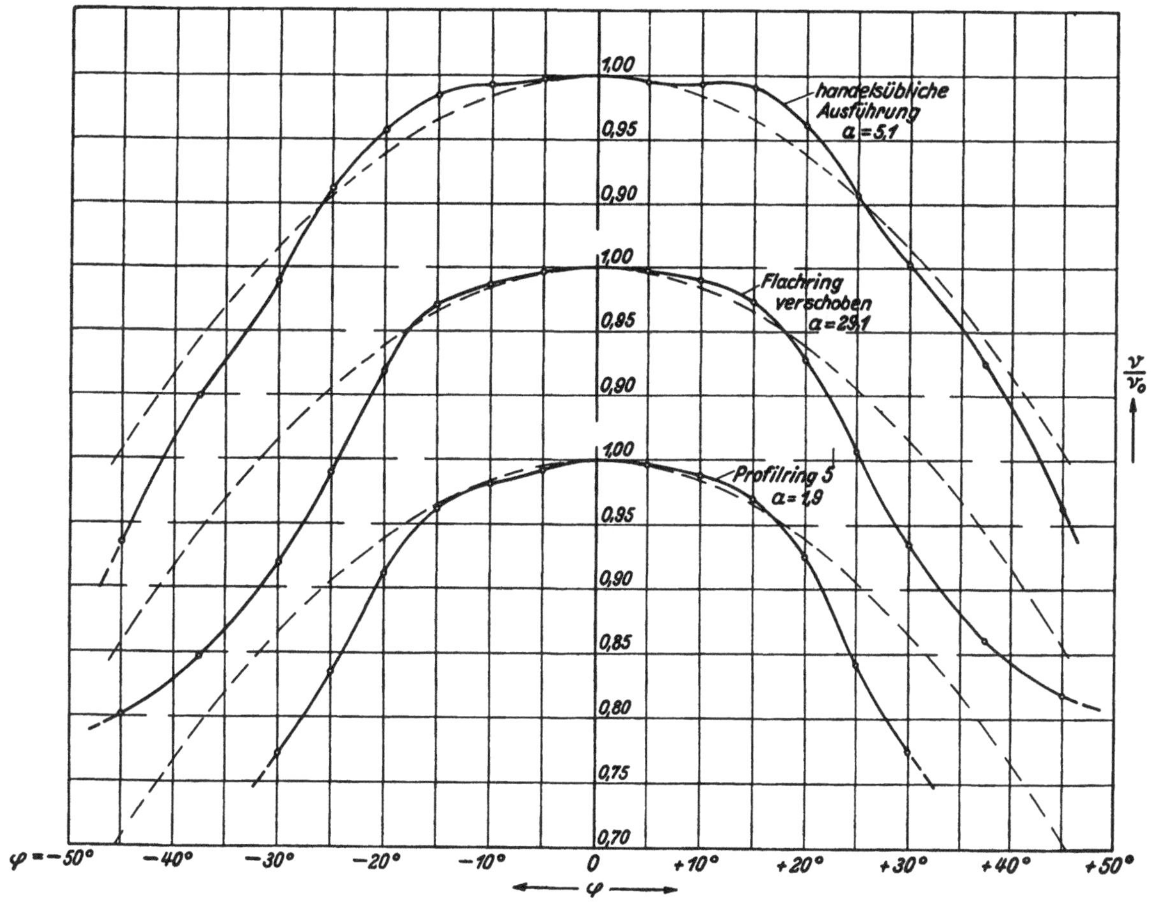

Abb. 22. Ott-Flügel, Typ IX c, Nr. 2772. Änderungen des Schutzringes.

rungen der Fehlanzeige von $\sim 0{,}5$ bis $\sim 0{,}6\%$ zur Folge. Diese Erfahrung verdient bei der Herstellung der Schutzringe Beachtung.

In Abb. 22 sind schließlich die im letzten Abschnitt beschriebenen „Hauptversuche" zusammengefaßt. Die Gegenüberstellung der drei Kurven für Flügel Nr. 2772, von denen sich die erste auf die normale Ausführung, die zweite auf den Flügel mit verschobenem Flachring und die dritte auf den Flügel mit Profilring bezieht, läßt erkennen, daß eine wesentliche Verbesserung der Anzeige des Schutzringflügels Nr. 2772 bei einer Schräganströmung bis zu $\sim \pm 15^0$ erreicht worden ist.

4. Schräger Einbau des Flügels.

Die Anzeige des Flügels Nr. 2772 mit Profilring 5 ist nach Abb. 22 im Bereich von etwa $\varphi = -17^0$ bis $\varphi = +17^0$ zu klein für negatives, zu groß für positives φ. Man kann deswegen die Anzeige verbessern, wenn man den Flügel etwas schräg einbaut, d. h. φ nicht auf die Flügelachse, sondern auf eine gegen diese etwas nach links gedrehte Achse bezieht. Abb. 23 zeigt die verhältnismäßige Fehlanzeige bei einer Verdrehung der Bezugsachse um 1^0. Die Fehlanzeige bei Beziehung auf die Flügelachse ist zum Vergleich gestrichelt eingetragen.

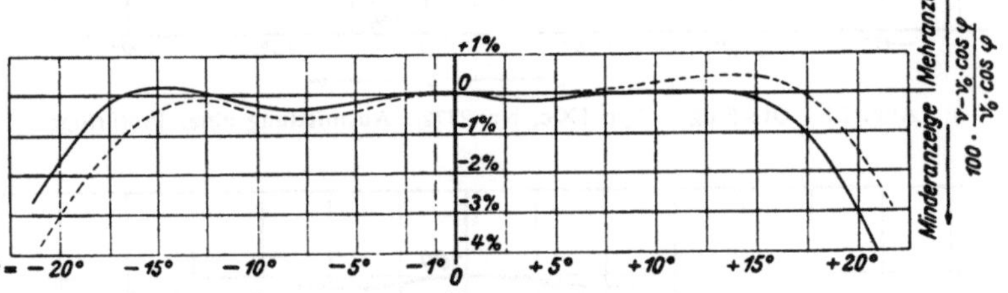

Abb. 23. Ott-Flügel, Typ IX c, Nr. 2772. Schrägeinbau.

Durch den Schrägeinbau wird der Einfluß der insbesondere durch die nicht durchgehende Flügelstange gegebenen Unsymmetrie erheblich verkleinert und die Anzeige verbessert. Gegen den schrägen Einbau der Flügel bei praktischen Messungen bestehen allerdings gewisse Bedenken.

5. Der Flügel bei beliebiger Anströmung.

Bei allen bisher beschriebenen Versuchen wurde der Flügel nur in der Horizontalebene verdreht ($\varepsilon = 0$). In der Praxis wird aber der Fall, daß die Strömung nur in einer Ebene verläuft, niemals auftreten.

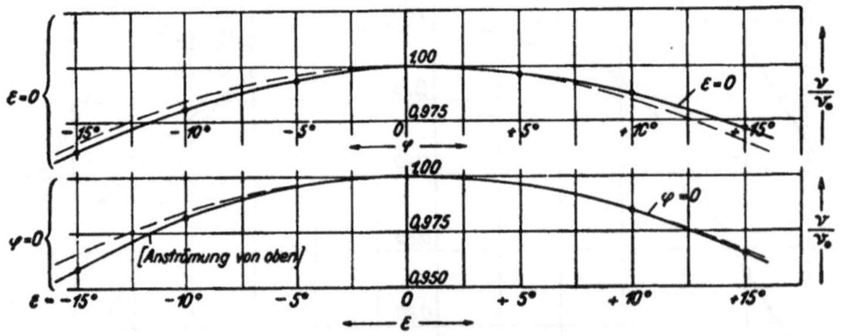

Abb. 24. Ott-Flügel, Typ IX c, Nr. 2772 mit Profilring 5
und nicht durchgehender Verkleidung.

Über das Verhalten des Flügels bei Anströmung von oben und von unten wurden nur einige Vorversuche angestellt, die es wahrscheinlich machen, daß dabei die Anzeige etwas besser ist als bei seitlicher Anströmung. Die Ergebnisse sind in Abb. 24 in der unteren Kurve dargestellt; die obere Kurve gibt zum Vergleich das Verhalten bei seitlicher Anströmung an.

Zusammenfassung.

Um bei Flügelwassermessungen den Einfluß der Schrägströmungen, die wegen der turbulenten Nebenbewegungen nie ganz fehlen, auszuschalten, müssen die Meßflügel unempfindlich sein gegen die Seitenkomponenten der Wassergeschwindigkeit. Es wird festgestellt, inwieweit ein Flügel der Type IXc von Ott dieser Forderung entspricht. Durch Änderungen am Flügelgestell konnte das Verhalten des Flügels bei Schräganströmung verbessert werden.

Anhang.

Auszug aus einem Versuchsprotokoll:

Ott-Flügel Typ IXc, Nr. 2772, Profilring 5, $a = 1{,}9$ mm mit durchgehender Verkleidung, Horizontalverdrehung.

Eintauchtiefe: 0,50 m,

Stellung: Mitte Kanal,

Stange: Profil, durchgehend. Dat. 24. 4. 1930.

Versuchs-Nr.	φ	v (m/s)	ν	ν für $v = 1$ m/s	$\nu_0 \cdot \cos \varphi$
771		0,917	3,7057		
772	-15^0	0,986	3,7114	3,710	3,698
773		1,044	3,7028		
774		0,927	3,7857		
775	$-7{,}5^0$	0,989	3,7857	3,785	3,795
776		1,048	3,7760		
777		0,934	3,8257		
778	± 0	0,997	3,8285	3,828	3,828
779		1,056	3,8285		
780		0,939	3,8028		
781	$+7{,}5^0$	0,999	3,7971	3,797	3,795
782		1,057	3,7971		
783		0,938	3,7257		
784	$+15^0$	1,001	3,7285	3,728	3,698
785		1,065	3,7257		

Es bedeuten: φ = Horizontalwinkel,
v = Fahrgeschwindigkeit in m/s,
ν = Zahl der Flügeldrehungen pro 1 m Wagenweg.

Literaturverzeichnis.

Dr.-Ing. L. A. Ott, Theorie und Konstantenbestimmung des hydrometrischen Flügels. Springer, Berlin 1925.

Prof. Dr.-Ing. A. Staus, Der Genauigkeitsgrad von Flügelmessungen bei Wasserkraftanlagen. Springer, Berlin 1926.

„Effect of turbulence on the registration of current meters", von David L. Yarnell und Floydt A. Nagler, Proceedings of the Am. Soc. of C. Eng. Dec. 1929, Part 1, S. 2611.

Bisher unveröffentlichte Versuche von Dr.-Ing. L. A. Ott, Kempten.

Der Einfluß der Zähigkeit des Wassers auf die hydraulischen Eigenschaften einer kleinen Francismodellturbine.

Von Dipl.-Ing. **Fritz Riemerschmid.**

I. Einleitung.

Bei der Übertragung der mit Modellturbinen erhaltenen Versuchsergebnisse auf große Ausführungen wird die Umrechnung auf Grund der bekannten einfachen Ähnlichkeitsregeln gestört, weil bei der großen Ausführung im allgemeinen

1. der Maßstab der Turbine,
2. die Wassergeschwindigkeiten,
3. die Zähigkeit des Wassers, und
4. die relative Rauhigkeit der Oberflächen

anders sind als bei der Modellturbine[1]). Die Größen 1 bis 3 sind bekanntlich nur insofern wirksam, als sie eine Veränderung der Reynoldsschen Zahl $R = \frac{v \cdot l}{\nu}$ bewirken (v = Geschwindigkeiten an entsprechenden Stellen, l = entsprechende Längen, ν = kinematische Zähigkeit des Wassers). Daraus folgt, daß für geometrisch ähnliche Turbinen bei gegebener relativer Leitschaufelöffnung und Einheitsdrehzahl, der Wirkungsgrad, die Einheitswassermenge und die Einheitsleistung nur von der Reynoldsschen Zahl und von der relativen Rauhigkeit der Oberflächen abhängen[2]), sofern keine Kavitation auftritt.

Daß eine Turbine um so besser wird, je mehr die Rauhigkeit der Schaufeln und Kränze durch Bearbeitung herabgedrückt wird, ist ohne weiteres einleuchtend. Aufgabe der vorliegenden Arbeit war es, den Einfluß der drei anderen Größen, also der Reynoldsschen Zahl, zu ermitteln. Diesen Einfluß durch Versuche mit geometrisch ähnlichen, aber in verschiedenem Maßstabe ausgeführten Turbinen zu ermitteln ist mit voller Sicherheit nicht möglich, weil es immer unsicher bleibt, ob nicht kleine Ausführungsungenauigkeiten zu den beobachteten Abweichungen beigetragen haben. Gegen eine Veränderung der Reynoldsschen Zahl durch Erhöhung der Wassergeschwindigkeiten, also des Gefälles bei beibehaltener Turbine, besteht der Einwand, daß bei der erforderlichen s t a r k e n Änderung des Gefälles beginnende Kavitationswirkungen den Vergleich stören könnten, und auch die sehr erhebliche Veränderung der Leistung die Anwendung anderer Bremsen, Lager usw. für die höheren Gefälle verlangt, die ihrerseits störende Abweichungen bewirken können. Als bester Weg, mit Sicherheit nur die Reynoldssche Zahl, aber keinen anderen maßgebenden Umstand zu verändern, bot sich die Veränderung der Zähigkeit des Betriebswassers (ν) durch Temperaturveränderung dar. Bei Steigerung der Wassertemperatur von 2° auf 70° C — (wie bei den Versuchen) kann die Zähigkeit des Wassers immerhin im Verhältnis von ungefähr 4:1 verändert werden. Durch Versuche bei 70° Wassertemperatur erhält man also die hydraulischen Eigenschaften einer geometrisch genau ähnlich (auch hinsichtlich der Wandunrauhigkeiten) im Verhältnis 1:4 vergrößerten und mit Wasser von 2° betriebenen Turbine.

---

[1]) Siehe D. Thoma, „Die Versuchsanstalt für Wasserturbinen in Gotha", S. 4 u. f., Verlag Engelhardt-Reyher, Gotha 1918.

[2]) Die Formeln von R. Camerer und L. F. Moody gelten nur in der Nähe des Wirkungsgradoptimums und stimmen sowohl untereinander als auch mit den Versuchsergebnissen an ausgeführten Turbinen nur ungenau überein. (R. Camerer, Vorlesungen über Wasserkraftmaschinen, Verlag Wilhelm Engelmann, Leipzig und Berlin 1914, S. 290—306, L. F. Moody, The Propeller Type Turbine, Proceedings of the American Society of Civil Engineers, August 1925.)

In dem folgenden Bericht wurde die Abhängigkeit der Betriebseigenschaften nicht von der Reynoldsschen Zahl $R = \frac{v \cdot l}{\nu}$, sondern von der kinematischen Zähigkeit des Wassers ν dargestellt. Die Größe ν ist nämlich physikalisch eindeutig bestimmt, während die in die Formel $R = \frac{v \cdot l}{\nu}$ einzusetzende Länge l und die Stelle, an der v gemessen werden soll, Sache willkürlicher Festsetzung ist.

II. Versuchseinrichtung.

a) Allgemeines.

Die Versuchseinrichtung bestand in ihrem Hauptteile aus einem Modellturbinenprüfstand, der alle baulichen und meßtechnischen Einrichtungen besaß, die an großen Turbinenprüfständen vorhanden sind. Der kleine Maßstab der Einrichtungen erleichterte eine besonders sorgfältige Ausführung und die Nachprüfung. Manche der im folgenden erwähnten Vorsichtsmaßregeln mag zuerst als übertrieben erscheinen; wenn man aber den Zweck der Untersuchungen im Auge behält und bedenkt, daß die Ergebnisse von sehr vielen Einzelumständen abhängig sind, so wird die Angst vor systematischen und zufälligen Fehlern, die ständige Überwachung der Apparatur und die Berücksichtigung mancher scheinbar unwesentlicher Nebenumstände als begründet erkannt werden.

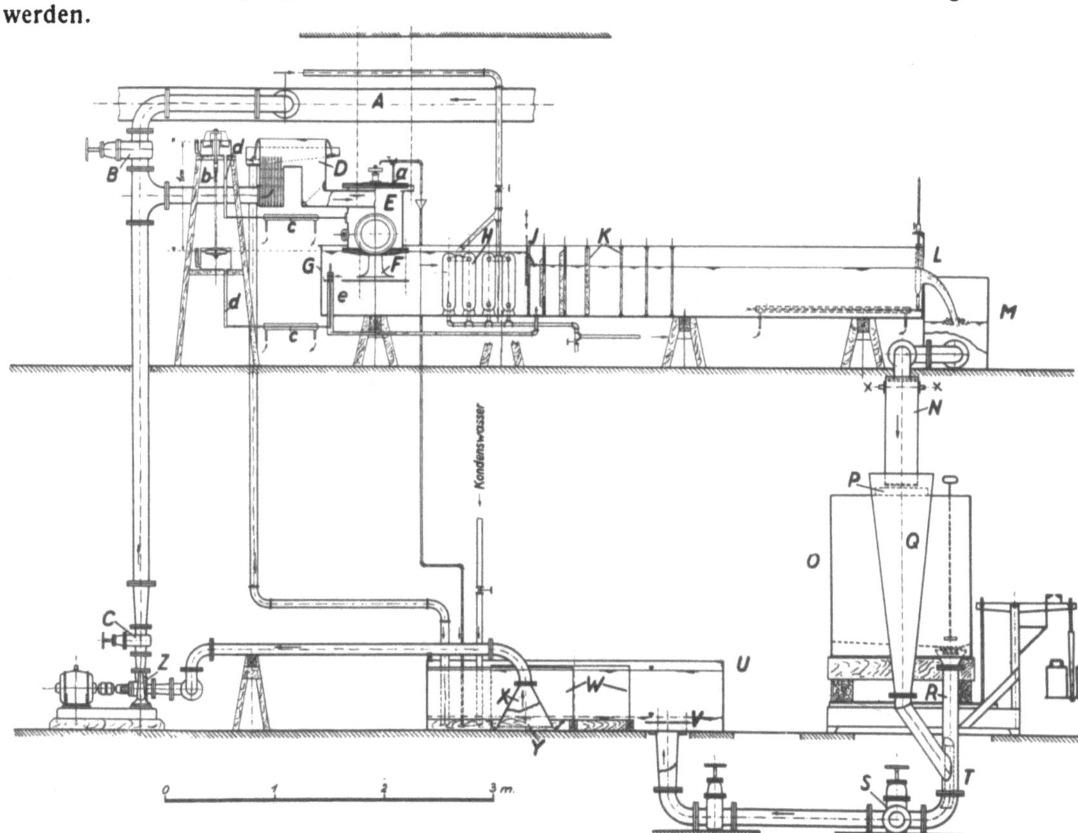

Abb. 1.

b) Wasserführung und Versuchsturbine.

Abb. 1 zeigt maßstäblich die Wasserführung in der Versuchseinrichtung. Die Leitungen gestatteten das Wasser in einmaligem Durchfluß oder im Kreislauf durch den Prüfstand zu führen. Im ersteren Falle wurde es dem mit dem Hochbehälter des Instituts verbundenen Rohre A entnommen und in Schieber *B* bei geschlossenem Schieber *C* je nach Bedarf gedrosselt. Durchlochte Bleche und eine Anzahl senkrecht stehender Rohre bewirkten eine sehr gute Beruhigung der Strömung in dem Oberwasserbehälter *D*, dessen ganzer oberer Rand mit einer Gesamtlänge von 2,3 m als Übereich ausgebildet war, um Schwankungen des Oberwasserspiegels möglichst zu vermeiden

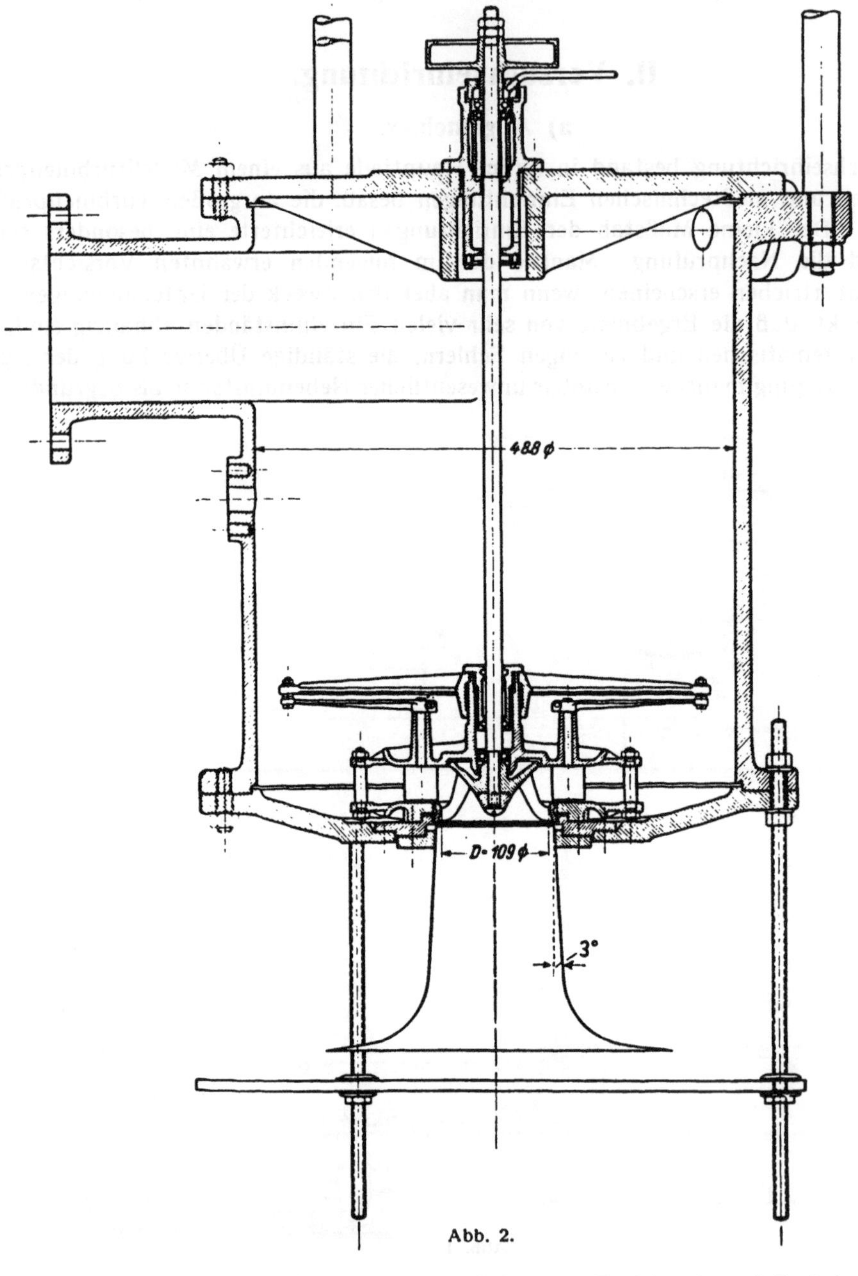

Abb. 2.

(s. auch Abb. 5). Bevor das Wasser in den gußeisernen Turbinenkessel *E* eintrat, durchfloß es noch ein engmaschiges Messingsieb, das auch kleine im Wasser befindliche Fremdkörper von den empfindlichen Teilen der Apparatur fernhielt.

Am Boden des in den Abb. 2 und 5 gezeigten Turbinenkessels war das Leitrad mit 14 Schaufeln angeordnet, dessen Antriebsmechanismus wegen der besonderen Anforderungen von der üblichen Bauform abwich (Abb. 2 und 7). Der Leitapparat besaß nämlich eine Art Außenregulierung, bei der zur Vermeidung toten Ganges die mit den Leitschaufeln verbundenen Hebel besonders lang ausgebildet waren. Da eine direkte Ermittlung der Leitschaufelöffnung a_0 während der Versuche nicht möglich war, mußte sie aus der Stellung des Regulierrings ermittelt werden: eine auf diesem befestigte Millimeterskala mit Nonius konnte durch ein Zelluloidfenster abgelesen werden. Die Beziehung zwischen a_0 und der mit L bezeichneten Ablesung auf der Millimeterskala wurde gesondert ermittelt und ist in Abb. 8 aufgetragen.

In dem kleinen Laufrad (Abb. 6) von 109 mm Einschnürungsdurchmesser, das von der Firma J. M. Voith, Heidenheim, geometrisch ähnlich den für das Kraftwerk Pfrombach der „Mittleren Isar A.G." bestimmten Laufrädern erstellt war, leistete das Wasser (bei 1,0 m Gefälle) ungefähr den siebenten Teil einer Pferdestärke. Es war aus Rotguß in einem Stück sorgfältig verfertigt, besaß 14 Schaufeln und hatte eine auf den besten Wirkungsgrad bezogene spezifische Drehzahl $n_{s_{opt}} = 312$; bezogen auf die volle Leitschaufelöffnung und die im besten Wirkungsgrade vorhandene Drehzahl war $n_{s_{1/1}} = 334$.

Das trompetenförmige aus 1 mm starkem Messingblech durch Drücken hergestellte Saugrohr F hatte eine Länge von 227 mm, einen Erweiterungswinkel (Winkel zwischen Kegelmantellinie und Achse) von 3^0, unten einen Abrundungsradius von 70 mm und befand sich stets in dem durch Sichtbarmachung der Strömung als günstig ermittelten Abstande von 30 mm über einer gläsernen Prallplatte (Abb. 2 und 7).

Das Unterwassergerinne G (Abb. 1) von quadratischem Querschnitte mit 650 mm Seitenlänge enthielt die vier Heizkörper H und die Schütze J, mit deren Hilfe das für die Turbine wirksame Gefälle stets auf 1 m gehalten wurde. Durch Tauchwände und durch sechs hölzerne Rechen K wurde eine gute Beruhigung der Strömung und ein guter Geschwindigkeitsausgleich vor dem scharfkantigen Meßüberfall mit Seiteneinschnürung L erreicht. Dieser (Abb. 3) hatte eine Überfallbreite von 164 mm, eine Wehrhöhe von 300 mm, ein Breitenverhältnis von $\frac{164}{650} = 0{,}252$ und bestand aus drei 5 mm starken Messingplatten, welche gefräst und aneinandergelötet waren. Der Überfall wurde jedoch nur für Überschlagsmessungen benutzt[1]).

Abb. 3.

Aus dem ebenfalls in Abb. 1 und Abb. 3 ersichtlichen Auffangbehälter M gelangte das Wasser durch einen gut abgerundeten Einlauf in eine kurze, belüftete Rohrleitung, die es in den um die Achse X—X drehbaren Schwenkarm N führte, der sich knapp oberhalb der auf dem Waagbottich O angebrachten Schneide P befand. Je nach der Stellung des Schwenkarmes floß das Wasser in den Waagbottich oder in den Ablauftrichter Q. Durch die gute Beruhigung vor

[1]) An diesem Überfall mit Seitenkontraktion wurden gelegentlich bei Temperaturen zwischen 4^0 C und 60^0 C Messungen vorgenommen. Aus den Ablesungen an den Stechpegeln ließen sich unter Berücksichtigung der spezifischen Wassergewichte (die Temperatur des Wassers in den Standgläsern der Pegel wurde gesondert gemessen) die am Überfalle tatsächlich vorhandenen Überfallhöhen bestimmen. Gleichzeitig konnte mit Hilfe der Waage die Wassermenge genau ermittelt werden. Die Versuche wurden bei einer Wassermenge von etwa 14 l/s ausgeführt, wobei die Überfallhöhe ungefähr 130 mm betrug. Die Versuchsgenauigkeit darf auf annähernd 0,3% angesetzt werden. Die Auswertung brachte das erwartete Ergebnis: An dem scharfkantigen Überfalle mit Seitenkontraktion war ein Einfluß der Veränderlichkeit der Zähigkeit des Wassers nicht feststellbar.

dem Meßüberfall und die Belüftung der Rohrleitung wurde die für eine genaue Messung nötige Gleichmäßigkeit des Zustromes zum Waagbottich erzielt. Bei einmaligem Durchfluß durch die Turbine (Speisung der Turbine aus dem Hochbehälter) floß das vom Ablauftrichter *Q* und das beim Entleeren des Waagbottichs durch das Rohr *R* ablaufende Wasser durch den Schieber *S* in den Unterkeller.

Bei einer Schaltung auf Kreislauf wurde die Entleerung des Waagbottichs durch die einfache Strahlpumpe *T* unterstützt: das Wasser wurde dadurch dem Ausgleichsbehälter *U* zugeführt, welcher eine Höhe von 0,65 m und einen Durchmesser von 2,7 m besaß. Die über der Einmündung befindliche durchlochte Prallplatte *V* sorgte für die Beruhigung der Strömung; die mit *W* bezeichneten Führungswände verlängerten den Weg des Wassers zu dem Saugtrichter *X* und bewirkten dadurch eine gute Ausscheidung der im Wasser vorhandenen Luft. Diese war durch die vielen Überfälle dem Wasser beigemengt, in geringerer Menge bei niedrigen, in besonders

Abb. 4.

reichlichem Maße bei hohen Wassertemperaturen. Durch die besondere Ausbildung des Saugtrichters *X* wurde auch bei abgesenktem Wasserspiegel das Einziehen von Luft von der Oberfläche her, durch ein Sieb *Y* das Eindringen von Fremdkörpern in die Pumpe *Z* vermieden. Diese hob das Wasser wieder zur höchsten Stelle des Kreislaufes, dem Übereich.

Sowohl das vom Übereich abfließende Wasser wie auch das dem Turbinenkessel zur Verhütung eines Luftpolsters bei *a* entzogene Wasser und einige andere Abzweigwasser, welche ebenfalls nicht an der Arbeitsleistung im Laufrade beteiligt waren, wurden unter Umgehung des Überfalls und der Waage dem Ausgleichsbehälter U wieder zugeführt.

Bei den Hauptversuchen, welche bei verschiedenen zwischen 1,25° und 71° C gelegenen Wassertemperaturen vorgenommen wurden, wurde immer die Kreislaufschaltung benützt.

Durch Einleiten von Dampf in die vier Heizkörper H konnte der Wasserinhalt — etwa 6 m³ — in ungefähr zwei Stunden von 15° auf 70° C erwärmt werden.

Die Abkühlung des Wassers geschah durch Einlegen von Kunsteisstangen in den Ausgleichsbehälter U. Infolge der weitverzweigten Wasserführung und der langen Dauer eines vollständigen Hauptversuchs, wurden die tiefen Temperaturen nur bei einem Verbrauch von 3 t Eis pro Versuchsreihe erreicht.

Die Gerinne waren mit Brettern und der Waagbottich mit Blech überdeckt, um den Wärmeaustausch mit der Umgebung und bei hohen Temperaturen die Dampfbildung einzuschränken.

Abb. 5.

c) Meßeinrichtungen.

Durch die Meßeinrichtungen sollten folgende Größen ermittelt werden:

1. das für die Turbine wirksame Gefälle H_v,
2. die Drehzahl des Laufrades n_v,

3. das auf die Bremse übertragene Drehmoment Md_v,
4. die Leitschaufelöffnung a_0,
5. die von der Turbine verarbeitete Wassermenge Q_v,
6. die Temperatur t des Wassers und einzelner Teile der Apparatur.

Das an der Turbine wirksame Gefälle H_v wurde, wie schon erwähnt, stets auf 1 m gehalten; zu diesem Zwecke diente der in der Arbeit von A. Hofmann[1]) bereits beschriebene Gefällsanzeiger *b* (Abb. 1 und Abb. 4). Bei der Anordnung der Verbindungsrohre *c*, *d*, *e* zwischen den Druckabnahmestellen und den Schwimmerbehältern mußte jedoch auf die immerhin erheblichen Veränderungen des spezifischen Gewichtes des Wassers (1^0..... 0,9999 kg/dm³, 70^0.... 0,9778 kg/dm³) Rücksicht genommen werden. Der an der Turbine wirksame Druckunterschied sollte genau einem Meter Wassersäule von der Temperatur des Betriebswassers entsprechen. Deswegen wurden die beiden Druckentnahmerohre *c* waagerecht und in genau 1 m Höhenabstand angeordnet und mit bei *c* gezeichneten Kühlmänteln (die bei Eiskühlung des Betriebswassers aber als Heizmäntel wirken) versehen, welche dauernd von Wasser von Raumtemperatur durchströmt wurden. Dadurch wurde erreicht, daß das Wasser in den Steigrohren *d* und in den Schwimmergefäßen stets Raumtemperatur hatte (durch Einlaufenlassen von Wasser mit Raumtemperatur in die Schwimmergefäße wurde von Zeit zu Zeit ein genauer Temperaturausgleich erzielt); das auf Abb. 1 erkennbare, vertikale Stück *e* des unteren Druckentnahmerohres wurde durch einen von einem kleinen Teil des Betriebswasserstromes durchflossenen Mantel stets auf Betriebswassertemperatur gehalten. Man überzeugt sich leicht davon, daß bei dieser Anordnung das an der Turbine wirksame Gefälle, gemessen in Wasser von Betriebstemperatur, genau 1 m ist, wenn die Wasserspiegel in den Schwimmerbehältern 1 m Höhenunterschied aufweisen.

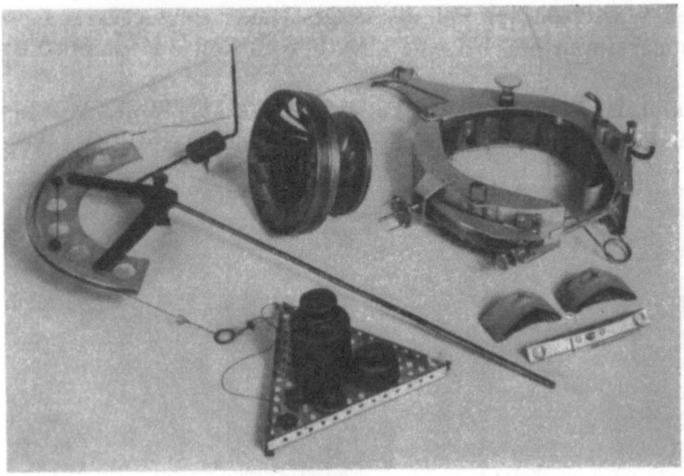

Abb. 6.

Die im Turbinenkessel und im Unterwassergerinne auftretenden Geschwindigkeitshöhen des strömenden Wassers wurden vernachlässigt, da sie selbst bei der Höchstwassermenge sehr klein sind und überdies den Vergleich nicht beeinflussen.

Die Drehzahl des Laufrades wurde durch elektrische Kontaktgebung und Bandchronograph gemessen.

Abb. 7.

[1]) A. Hofmann, „Die Energieumsetzung in saugrohrähnlich erweiterten Düsen", Mitteilungen des Hydraulischen Instituts der Technischen Hochschule München, Heft 4, S. 51, Verlag von R. Oldenbourg, München und Berlin, 1931.

Zur Schmierung der beiden Kugellager der Turbine wurde dünnflüssiges Knochenöl verwendet, das auch bei tiefen Temperaturen keine merklich höhere Reibung in den Lagern hervorrief. Da jedoch oft Bremsergebnisse zeitlich fernliegender Versuchstage miteinander verglichen werden mußten, mußte mit der Möglichkeit anderer Veränderungen bei den Lagern gerechnet werden. Deswegen wurde die Reibung der Lager dauernd überwacht. Zur täglichen Kontrolle diente ein um die Bremsscheibe gewickelter Seidenfaden, der an seinem freien Ende ein Gewicht von 5 g trug, welches von einer Rolle ablaufend, Bremsscheibe und Laufrad in Drehung versetzte. Nach der Sinkgeschwindigkeit ließen sich die Reibungsverhältnisse beurteilen. Versuche, nach denen sich ein langsameres Absinken ergab, wurden ausgeschieden. Ursache der Störung waren kleine Unreinigkeiten in den Kugellagern.

Das von der Turbine abgegebene Drehmoment betrug maximal 19 cmkg. Dementsprechend wurde ein aus Aluminium verfertigter Bremshebel von nur 440 g Gewicht verwendet (Abb. 6). Die Bremshebellänge war ungefähr 205 mm.

Zur Bestimmung der sekundlichen Wassermenge diente eine Dezimalwaage mit Bottich von 2,5 m³ Nutzinhalt. Die Wägung geschah in der im Institut üblichen Weise (Zeitmessung durch Bandchronograph).

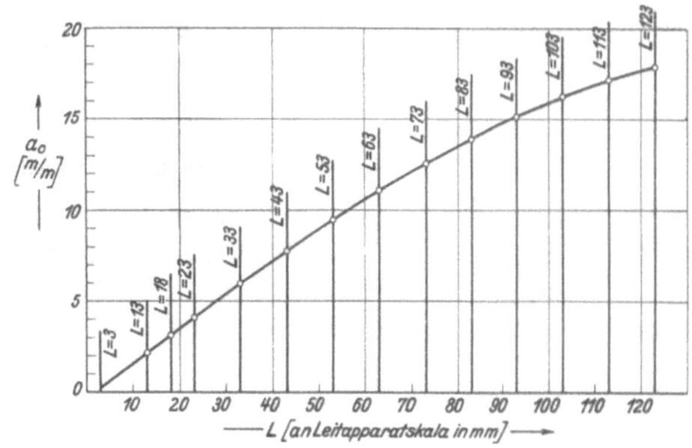

Abb. 8.

Zur Messung der Wassertemperatur wurde neben gewöhnlichen an verschiedenen Stellen angebrachten Thermometern ein Präzisionsthermometer verwendet, das eine Ablesegenauigkeit von ungefähr $^1/_{20}{}^0$ gewährte. Da sich bei den stark veränderlichen Wassertemperaturen auch die Temperatur des Bremshebels um ungefähr 35° C und damit auch dessen Länge veränderte, wurde auch die Bremshebeltemperatur bei jedem Versuch gemessen.

III. Allgemeines über die Versuche.

a) Anforderungen an die Genauigkeit.

Es war zu erwarten, daß sich die Wirkungsgrade und Wassermengen bei der möglichen Veränderung der Wasserzähigkeit (im Verhältnis etwa 1:4) nur um einige Prozente verändern würden. Um die Änderungen der Wirkungsgrade und Wassermengen zuverlässig zu erhalten, durften deshalb den Versuchsergebnissen Fehler von höchstens 0,1 bis 0,2% anhaften.

b) Auswertung.

Die Auswertung geschah sechsstellig mit einer Rechenmaschine.

Die jeweils erhaltenen Wassergewichte wurden unter Berücksichtigung der Temperatur auf Wasservolumina umgerechnet[1]).

Alle Versuche wurden bei 1 m ± 0,001 m gemacht und auf genau 1 m umgerechnet. Ferner mußte die Temperaturdehnung der Turbine berücksichtigt werden: die aus Rotguß (Ausdehnungsbeiwert = 0,0000184 1/° C) hergestellte Turbine ist z. B. bei 70° C linear im Verhältnis 1:1,00127 größer als bei 1° C. Bei der Auswertung der Versuche wurden die Betriebsdaten durch die Formeln:

$$n_{\mathrm{I}} = n_v \cdot \frac{D_v}{D_{4^0}} \cdot \sqrt{\frac{1\,m}{H_v}}, \quad Q_{\mathrm{I}} = Q_v \cdot \left(\frac{D_{4^0}}{D_v}\right)^2 \cdot \sqrt{\frac{1\,m}{H_v}}, \quad Md_{\mathrm{I}} = Md_v \cdot \frac{\gamma_{4^0}}{\gamma_v} \cdot \left(\frac{D_{4^0}}{D_v}\right)^3 \cdot \frac{1\,m}{H_v}$$

[1]) Landolt-Börnstein, Physikalisch-Chemische Tabellen, Bd. I, S. 73 u. f., Verlag Julius Springer, Berlin 1923.

auf die bei 4° C vorhandene Laufradgröße umgerechnet. Dabei sind n_v, Q_v, H_v, Md_v, γ_v und D_v (Laufraddurchmesser) die bei den Versuchen tatsächlich vorhandenen, n_I, Q_I, Md_I, γ_{4^0} und D_{4^0} die auf die bei 4° C vorhandene Laufradgröße und 1 m Gefälle umgerechneten Werte; bei dem Drehmoment Md_I ist dabei außerdem der Einfluß der Veränderung des spezifischen Gewichtes des Wassers berücksichtigt. Mit diesen Werten wurden dann die übrigen Betriebsdaten (Wellenleistung, Wasserleistung und Wirkungsgrad) errechnet. Die Kurvenblätter beziehen sich auf die in dieser Weise umgerechneten Größen.

Ferner wurden noch die Wärmedehnungen des Bremshebels berücksichtigt (Einfluß etwa $^1/_{20}$%). Die Temperatur des Bremshebels schwankte zwischen 10° (bei 1° Wassertemperatur) und 45° (bei 70° Wassertemperatur). Die entsprechende Änderung der Bremshebellänge ist 0,11 mm.

Irgendwelche sonstige Veränderungen an den Meßeinrichtungen — wie z. B. eine ungewollte Verstellung des Leitapparates durch Wärmespannungen im Turbinenkessel — wurden nicht bemerkt.

c) Veränderungen der Turbine während der Versuche.

Während der Untersuchungen mußten einige Male die Kugellager der Turbine erneuert werden. Vergleichsversuche ließen keine Änderung in dem Verhalten der Turbine erkennen.

Ferner mußte einigemal (nach längeren Versuchsunterbrechungen) eine allmählich hart gewordene dünne Schlammschicht von dem Laufrade und von der Welle entfernt werden. In Abb. 9 ist das Ergebnis der mit $L = 73$ ($a_0 = 12{,}6$ mm) angestellten Versuche dargestellt. Die nach der Reinigung der Turbine bei 15,7° erhaltene Wirkungsgradkurve liegt durchschnittlich um etwa 0,2% tiefer als aus der Interpolation zwischen die vor der Reinigung bei 13,3° und bei 17,1° folgen würde. Die bei 15,7° Wassertemperatur bei $n_I = 854$ Uml/min auftretende Erhebung der Wirkungsgradkurve wurde merkwürdigerweise auch bei anderen ganz unabhängigen Versuchen bemerkt und tritt z. B. auch in Abb. 11 und 18 für $L = 73$ bei $n_I = 854$ Uml/min auf. Die Ursache ist also wohl nicht ein Versuchsfehler, sondern eine bei dieser Drehzahl und Leitschaufelöffnung bisweilen eintretende Besonderheit des Strömungszustandes.

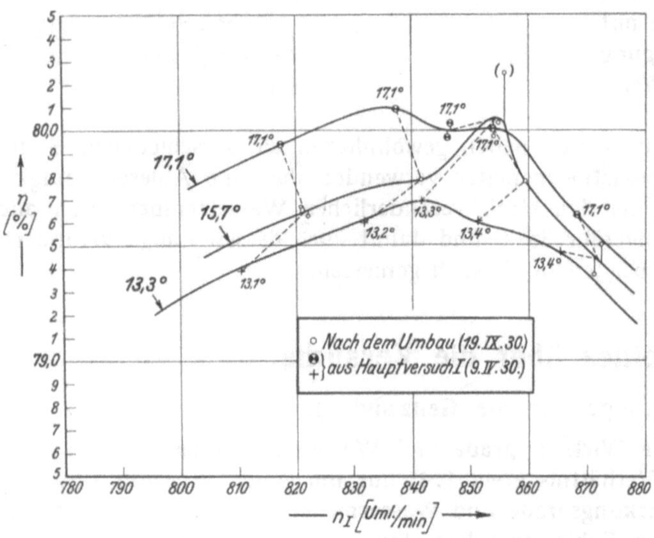

Abb. 9.

Jede der drei in Abb. 9 gezeichneten Kurven ist durch Versuche mit 5 Bremsbelastungen gewonnen, deren Abstufung für alle 3 Versuche genau gleich gewählt wurde, so daß die in Abb. 9 durch punktierte Linien verbundenen Punkte oder Punktgruppen sich auf bei allen 3 Versuchen genau gleiche Drehmomente beziehen.

In Abb. 10 sind die mit $L = 43$ ($a_0 = 7{,}75$ mm) angestellten Versuche in gleicher Art dargestellt.

Nach der Reinigung des Laufrades und der Welle stiegen bei $a_0 = 12{,}6$ mm die Drehzahlen um etwa 0,9% und die Wassermenge um etwa 1,1%, wodurch der Wirkungsgrad sank. Eine Erklärung für dieses unerwartete Verhalten der Turbine ist bei der Besprechung einer ähnlichen Erscheinung im folgenden Abschnitte gegeben. Bei der Leitschaufelöffnung $a_0 = 7{,}75$ mm ergab sich ein Ansteigen der Drehzahl um etwa 1,1%, der Wassermenge um ebenfalls 1,1%, sodaß der Wirkungsgrad unverändert blieb. Da bei diesem Betriebszustand der Wirkungsgrad mit steigender Wassermenge fällt, würde sich ebenfalls ein Sinken des Wirkungsgrades ergeben, wenn man die Wirkungsgrade für gleiche Wassermengen vergleichen würde.

Eine ähnliche Störung entstand anfänglich durch den im Wasser gelösten Kalk, der bei Erwärmung des Wassers über 50° sich ausschied und die benetzten Teile der Turbine mit einer feinen Kalkschicht überzog. Die Turbine wurde unmittelbar nach dem ersten Teile des Versuchs über die Störungserscheinungen durch Kalkansatz durch Ausspülen mit Essigsäure von dem Kalküberzuge befreit. Da auch keine Verstellung an der Turbinenanlage vorgenommen wurde, auch die Leitschaufelöffnung ($a_0 = 12{,}6$ mm) unverändert blieb, das Reguliergetriebe sogar überhaupt unberührt geblieben war, lassen sich die durch den Kalkansatz bewirkten Störungserscheinungen genau herausschälen. Die Abb. 11 zeigt die Zusammenstellung der Ergebnisse, die grundsätzlich den bei Entfernung des Schlammbelages erhaltenen gleichen.

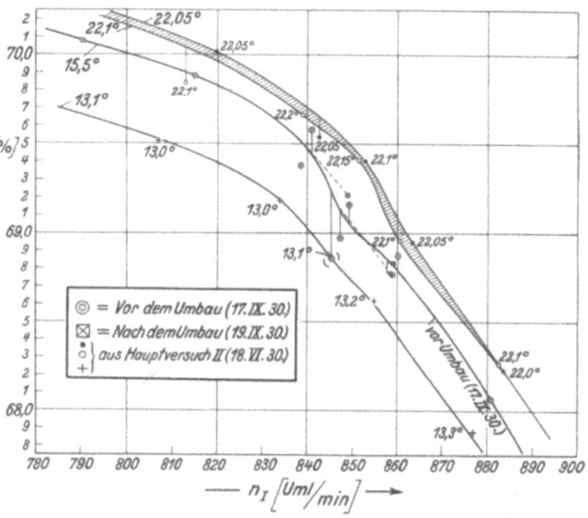

Abb. 10.

Die mit entkalktem Laufrad erhaltenen, auf 17,1° umgerechneten Wirkungsgrade sind bei gleicher Drehzahl um etwa 0,3% kleiner als die mit dieser Wassertemperatur vor der Entkalkung ermittelten Wirkungsgrade: bei gleicher Bremsbelastung wurden zwar etwas (um etwa 0,5%)

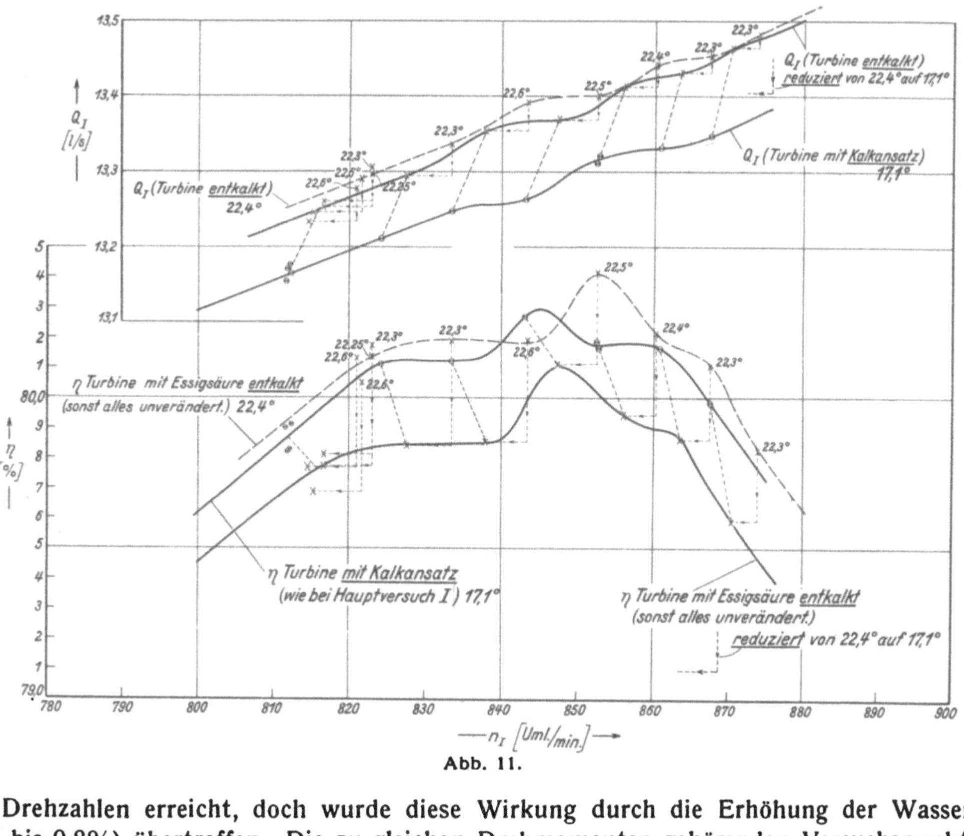

Abb. 11.

höhere Drehzahlen erreicht, doch wurde diese Wirkung durch die Erhöhung der Wassermenge (um 0,7 bis 0,8%) übertroffen. Die zu gleichen Drehmomenten gehörenden Versuchspunkte sind, ähnlich wie in Abb. 9 und 10, durch punktierte Linien verbunden. Die Wassertemperaturen bei den Vergleichsversuchen waren etwas verschieden. Die erwähnte Umrechnung der nach der Entfernung des Kalkansatzes mit 22,4⁰ Wassertemperatur erhaltenen Wirkungsgradkurven auf 17,1⁰ wurde mit Hilfe der durch die Hauptversuche ermittelten Temperaturabhängigkeit von η und Q_I vorgenommen.

Eine Erklärung für das auffällige Verhalten der Turbine kann vielleicht darin gefunden werden, daß der Kalk- oder Schlammbelag die Querschnitte der Kranzspalte merklich verkleinert (die Spaltweite ist etwa 0,6 mm), die Spaltwassermenge verkleinert und durch erhöhte Reibung die Drehzahl verringert; nach Entfernen des Belages nimmt die Wassermenge verhältnismäßig mehr zu als die Drehzahl, wodurch das Sinken des Wirkungsgrades eintritt.

Eine unerwünschte Zunahme des Belages während des Hauptversuches I wurde dadurch vermieden, daß man Hauptversuch I bei abfallender Wassertemperatur durchführte und dadurch die Kalkbildung zeitlich vor die maßgebenden Versuche legte (s. S. 34 und S. 39). Eine weitere Zunahme des Kalkbelages bei den Hauptversuchen II und III wurde durch Verwendung kalkfreien Wassers (Kondenswasser) zum Betriebe der Turbine vermieden.

IV. Verhalten der Turbine bei normaler Wassertemperatur. Auswahl des Bereiches für die Hauptversuche.

Zunächst wurden die hydraulischen Eigenschaften der Turbine bei 15⁰ Wassertemperatur in dem ganzen Bereich der möglichen Betriebszustände durch etwa 450 Versuche ermittelt. Die Ergebnisse sind in Abb. 12 und im Wirkungsgradfeld Abb. 13 dargestellt. Die Genauigkeit des

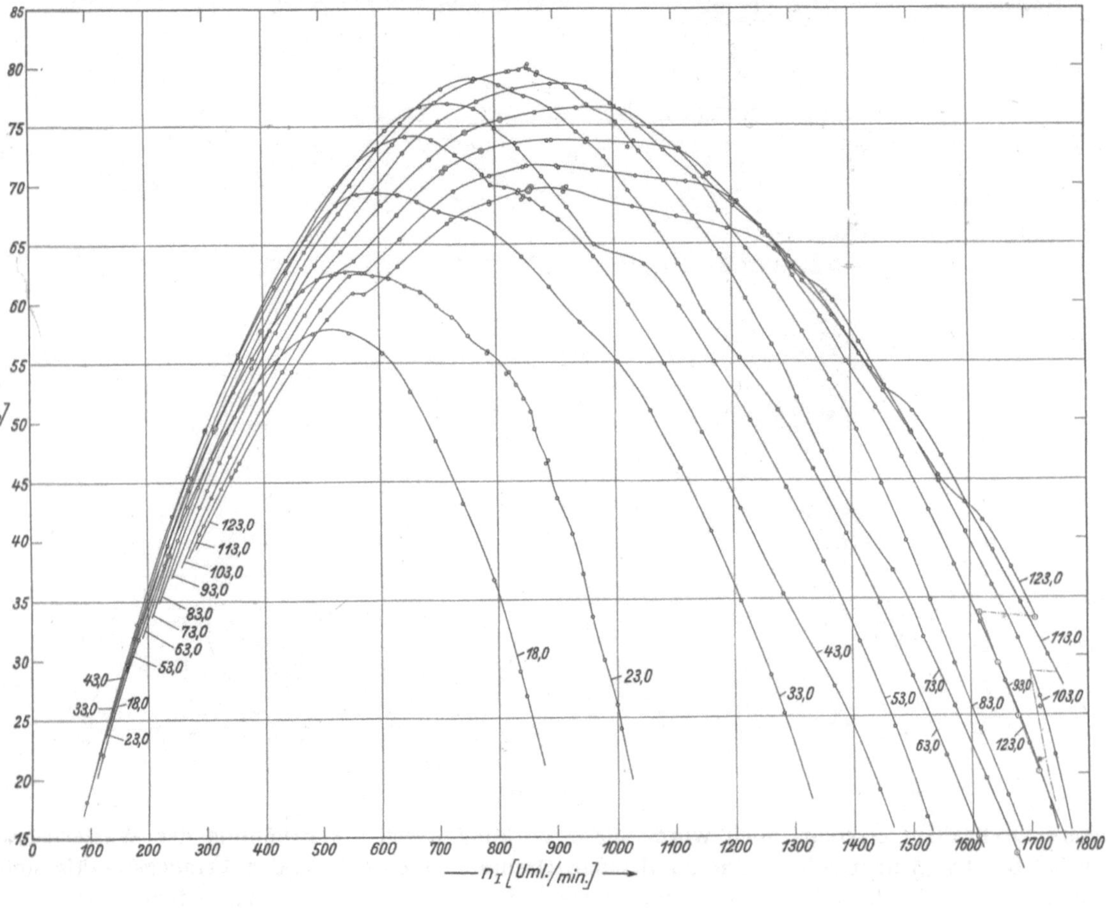

Abb. 12.

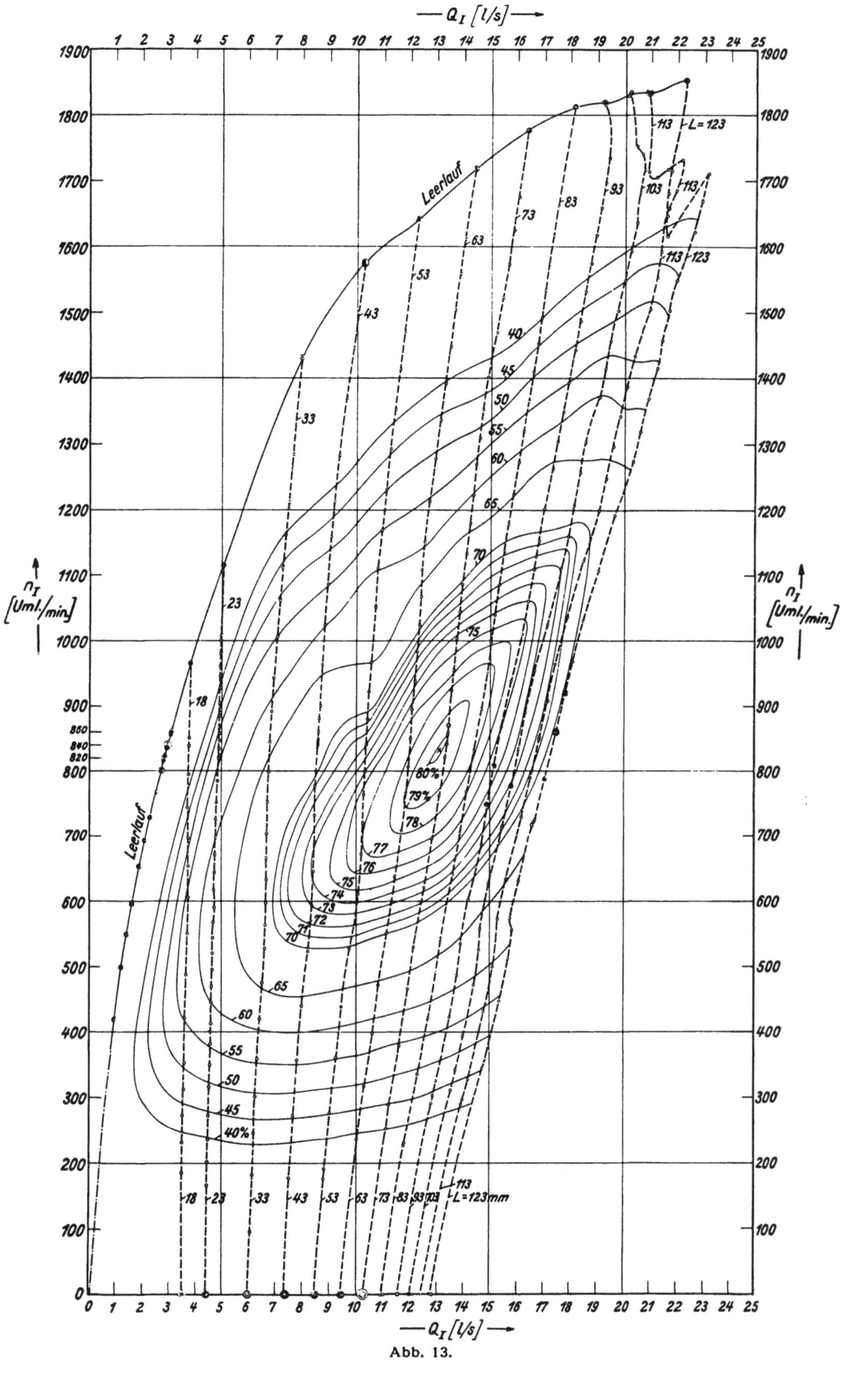

Q_I [l/s]
n_I [Uml./min]
Leerlauf
L = 123 mm
80%
79%
78
77
76
75
74
73
72
71
70
65
60
55
50
45
40%

Abb. 13.

Wirkungsgradfeldes beruht vornehmlich auf der langen Dauer (zwischen 2 und 4 Minuten) jeder Einzelmessung und auf der besonders großen Anzahl von Versuchspunkten. — Diese sind im Schaubilde 13 durch kleine Ringe kenntlich gemacht. — Stark labile Strömungszustände traten nur bei höchster Drehzahl und größter Wassermenge auf; sie riefen dort Unterschiede in der Drehzahl und in der Wassermenge bis annähernd 6% hervor. Die an mehreren Stellen vorhandenen Einbeulungen der Kurven gleichen Wirkungsgrades und der Kurven gleicher Leitschaufelöffnung beruhen nicht auf Labilität der Strömung; sie treten vielmehr bei Wiederholung der Versuche stets wieder in derselben Weise auf. Derartige Beobachtungen sind schon an vielen Turbinen gemacht worden[1]). Die sekundlichen Wassermengen bei Stillstand der Turbine zeigten je nach der Stellung des Laufrades relativ zum Leitapparate bei großen Leitschaufelöffnungen Unterschiede bis zu einem Prozent; Lauf- und Leitrad haben nämlich dieselbe Schaufelzahl (14), und deswegen hängt die Strömung bei Stillstand davon ab, in welcher Stellung das Laufrad stehen geblieben ist; für Abb. 13 sind die Mittelwerte der Wassermengen zugrunde gelegt[2]).

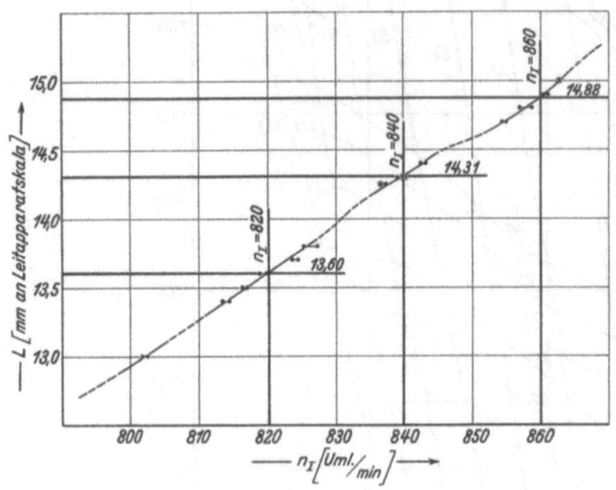

Abb. 14.

Das Verhalten der Turbine bei Leerlauf ist in Abb. 14 noch besonders dargestellt.

Das Verhalten der Turbine in der Nähe des absoluten Wirkungsgradmaximums wurde durch weitere Versuche festgestellt. Die Ergebnisse sind in Abb. 15 dargestellt. Der höchste Wirkungsgrad wird danach mit $L = 71$ ($a_0 = 12{,}25$ mm) bei $n_I = 832$ Uml/min erreicht und beträgt 80,11% (bei 15° Wassertemperatur).

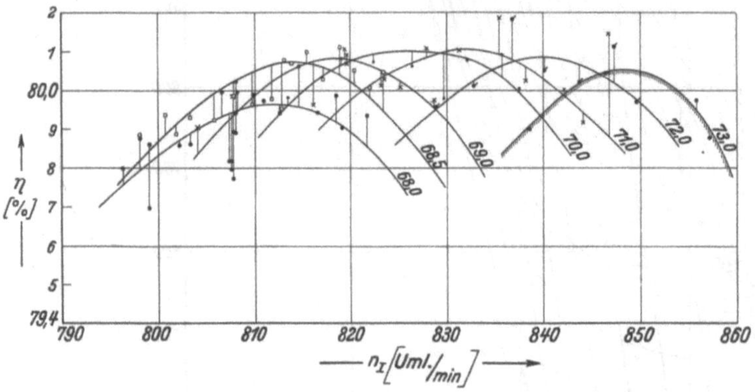

Abb. 15.

Ursprünglich war beabsichtigt worden, den Hauptversuch I mit genau derjenigen Leitradstellung zu machen, bei der das absolute Wirkungsgradmaximum erreicht werden kann. Es stellte sich aber heraus, daß bei dieser Leitradstellung ($L = 71$) die Versuchswerte — wohl infolge einer Labilität in einem kleinen Bereich des Strömungsfeldes — etwas stärker streuten, als es im allgemeinen der Fall ist. Da die Streuung den beabsichtigten Vergleich natürlich erschwert, mußte nach unten oder nach oben ausgewichen werden. Durch eine geringe Verkleinerung der Leitradöffnung war eine

[1]) Siehe D. Thoma, „Die Versuchsanstalt für Wasserturbinen in Gotha", S. 5 (s. S. 20, Fußnote 1).

[2]) Es seien hier noch Versuche erwähnt, die nicht unmittelbar mit den vorliegenden Untersuchungen zusammenhängen, die aber in einzelnen Fällen von Interesse sein können. Durch eine unbeabsichtigte Verdrehung hatte eine Leitschaufel bei den zwei größten Leitschaufelöffnungen einen um etwa 5° zu großen Winkel α_0 (die Größe des Drehwinkels der Leitschaufeln von $L = 3$ ($a_0 = 0{,}25$ mm) bis $L = 123$ ($a_0 = 17{,}95$ mm) betrug 48,5°). Dadurch wurde ein Sinken der Wirkungsgradkuppen um ¼ bis ½% verursacht. Da der Leitapparat nur während dieser abnormalen Versuchsreihe nicht in Ordnung war, hat die ungewollte Verdrehung keinerlei Einfluß auf die Ergebnisse der vorliegenden Arbeit.

Verbesserung nicht erreichbar: Die Streuung blieb bis herab zu $L = 68$ abnormal groß, wie auch aus Abb. 15 entnommen werden kann. Dagegen wurde bei einer geringen Vergrößerung der Öffnung auf $L = 73$ entsprechend $a_0 = 12{,}6$ mm eine befriedigende Gleichmäßigkeit erreicht. Diese Öffnung wurde deswegen für Hauptversuch I gewählt.

Um gerade bei dieser Öffnung ein vollständiges Bild der Wirkungsgradkuppe und über die Streuung der Versuchswerte zu erhalten, wurden weitere Versuche vorgenommen, deren Ergebnis in Abb. 16 dargestellt ist. Die 62 mit je einem Ringe bezeichneten Versuchspunkte wurden da-

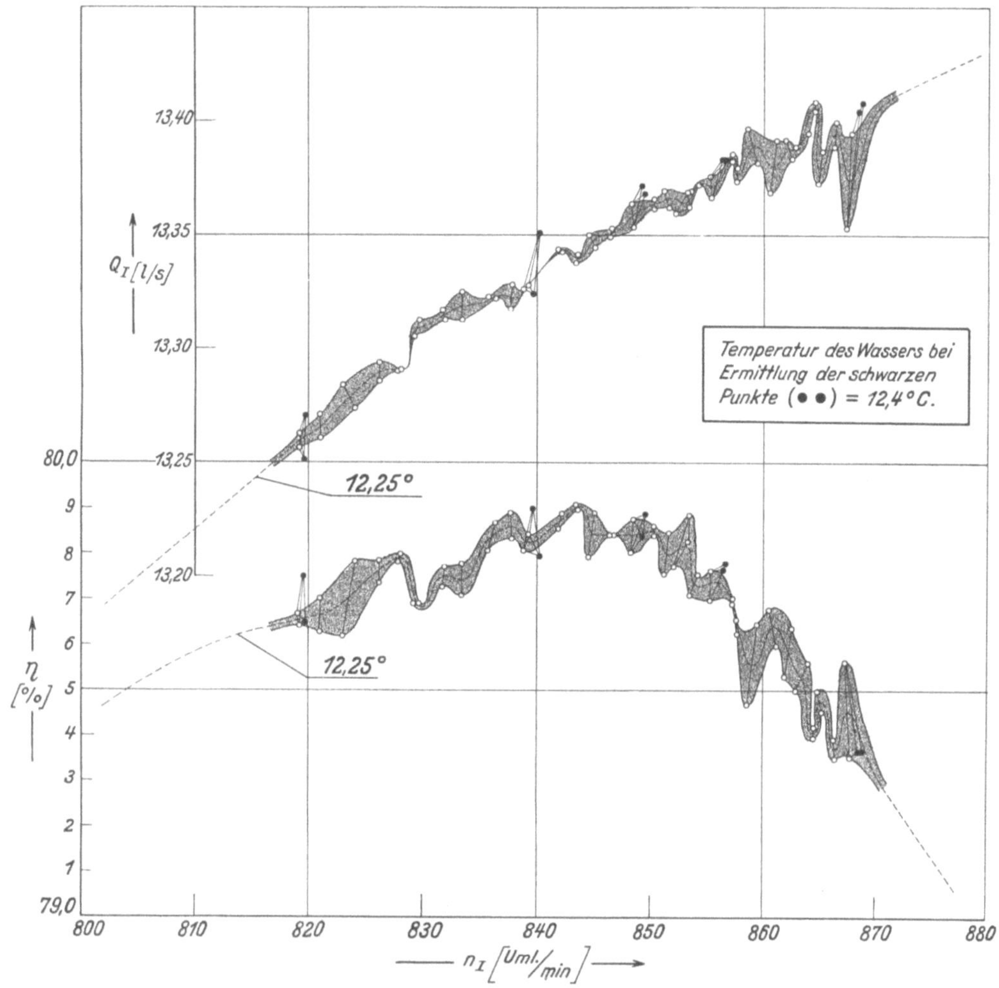

Abb. 16.

durch erhalten, daß bei konstanter Wassertemperatur die Bremsbelastung von 570 g immer nur um 1 g erhöht wurde. Bei jeder Belastung wurden mindestens zwei Versuche ausgeführt. Die 10 mit • bezeichneten Punkte wurden daran anschließend bei den Bremsbelastungen 600, 590, 585, 580 und 570 g erhalten, die später bei Hauptversuch I verwendet wurden. Die Genauigkeit, die Größe der Streuung und die wohl durch Eigenheiten der Strömung hervorgerufene Ungleichheit der Breite des Streubereiches sind aus Abb. 16 gut ersichtlich. Daß die Wirkungsgradkurve in Abb. 16 etwas tiefer liegt als die Kurve für $L = 73$ in Abb. 15, ist durch die etwas niedrigere Wassertemperatur begründet.

Für Hauptversuch II wurde $L = 43$ mm entsprechend $a_0 = 7{,}75$ mm, für Hauptversuch III $L = 23$ mm entsprechend $a_0 = 4{,}1$ mm gewählt. Die Wassermengen bei Hauptversuch II und

Hauptversuch III ergeben sich damit als das rund 0,64fache bzw. 0,37fache der Wassermengen von Hauptversuch I.

Der Drehzahlbereich für die Hauptversuche wurde zu 810 bis 870 Uml/min gewählt, entsprechend dem für eine Turbine der vorliegenden Gattung praktisch hauptsächlich in Frage kommenden Betriebsbereich.

V. Hauptversuche[1]).

a) Allgemeines.

Durch die Hauptversuche sollte, wie erwähnt, der Einfluß der Zähigkeit des Wassers auf die Betriebszustände der Turbine bestimmt werden. Die Abhängigkeit der kinematischen Zähigkeit des Wassers (ν) von der Temperatur ist aus Abb. 17 ersichtlich[2]).

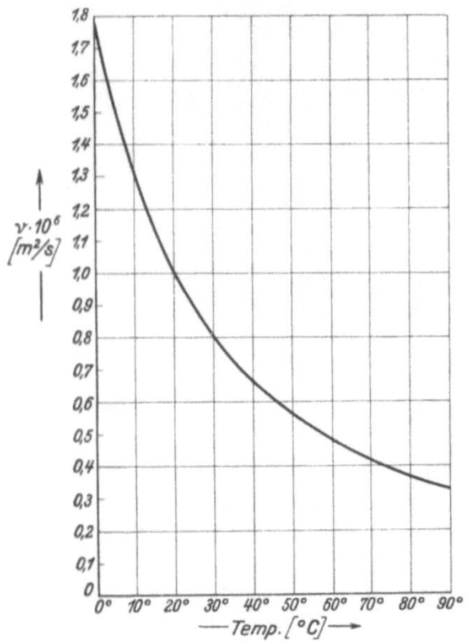

Abb. 17.

Da sich bei den Vorversuchen eine — wenn auch sehr geringe — Empfindlichkeit der Betriebszustände gegen eine zeitweilige Unterbrechung des Wasserdurchflusses gezeigt hatte, wurde jede der drei Hauptversuchsreihen ohne Betriebsunterbrechung ausgeführt. Dies bedingte für jeden der Hauptversuche wegen der großen Zahl von etwa 90 Einzelmessungen eine Gesamtversuchsdauer von ungefähr 24 Stunden. Die Aufeinanderfolge der Versuchsgruppen war bei jedem Hauptversuch folgende:

Während der Anwärmung des Betriebswassers wurde bei gleichbleibender Bremsbelastung eine möglichst große Anzahl von Einzelversuchen vorgenommen; nachdem 70° C erreicht waren, wurden, mit den hohen Temperaturen beginnend, je 5 bis 7 Messungen bei verschiedener Drehzahl, aber jeweils annähernd konstanter Wassertemperatur ausgeführt, bis für das gesamte Temperaturgebiet zwischen 70° C und 1° C im Bereiche der Drehzahlen $n_I = 810$ bis 870 Uml/min die Wirkungsgrade ermittelt waren oder genau genug interpoliert werden konnten. Daraufhin wurde zum Abschluß noch eine der zu Beginn jedes Hauptversuches mit normaler Wassertemperatur gefundenen Wirkungsgradkurven wiederholt oder eine geeignete neue ermittelt, um die Sicherheit zu gewinnen, daß sich im Verlaufe des Versuchstages nichts an den Eigenschaften der Turbine und der Meßeinrichtungen verändert hatte. Ebenso wurden vor und nach jedem Hauptversuche die Reibung der Kugellager der Turbinenwelle, die Bremshebellänge und die Tara der Waage bestimmt.

Bei den Hauptversuchen II und III wurde außerdem vor Beginn der Erwärmung des Betriebswassers bei einer Wassertemperatur von rd. 22° für die betreffende Leitradstellung eine Wirkungsgradkurve zur späteren Kontrolle aufgenommen.

Die während der Erwärmung des Wassers bei konstanter Bremsbelastung gewonnenen Versuchspunkte wurden bei keinem der Hauptversuche zur endgültigen Auswertung herangezogen, sondern fanden nur zur Nachprüfung der Ergebnisse Verwendung. Da der Kalkbelag sich im wesentlichen nur während des Ansteigens der Temperatur bildet, die maßgebenden Messungen aber bei fallender Temperatur vorgenommen wurden, ist auch bei Hauptversuch I, bei dem noch nicht kalkfreies Wasser verwendet wurde, der Vergleich nicht durch Veränderungen des Kalkansatzes gestört.

Die Ergebnisse der Hauptversuche sind durch die Kurvenblätter 18 bis 29 veranschaulicht.

[1]) Ein kurzer Bericht über einige Vorversuche ist in Heft 3 der „Mitteilungen des Hydraulischen Instituts", S. 162 und 163 erschienen (s. S. 26, Fußnote 1).

[2]) „Hütte", 25. Auflage, Bd. I, S. 333.

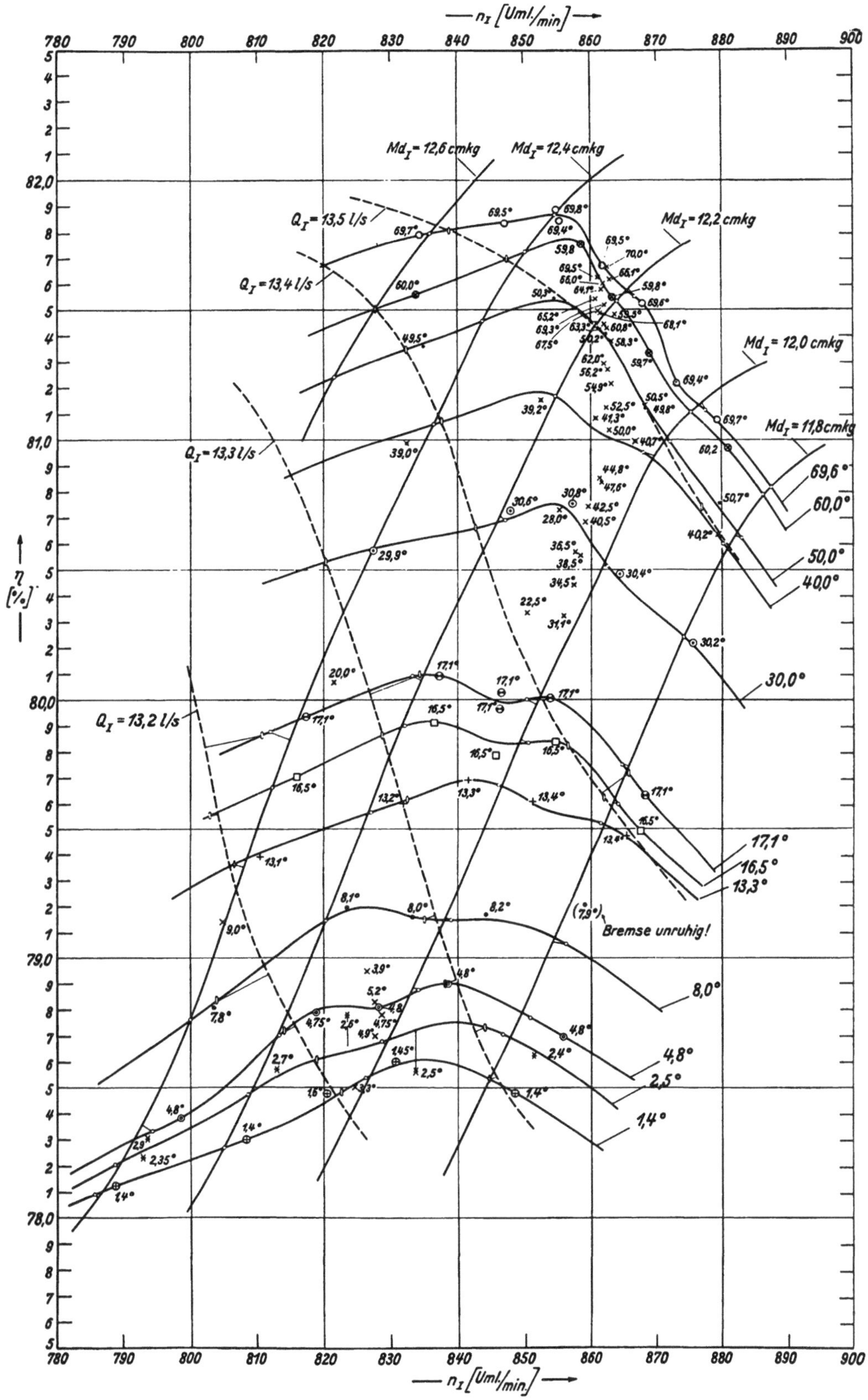

— n_I [Uml./min] →
780 790 800 810 820 830 840 850 860 870 880 890 900
82,0
81,0
80,0
79,0
78,0
η [%]
Md_I = 12,6 cmkg
Md_I = 12,4 cmkg
Md_I = 12,2 cmkg
Md_I = 12,0 cmkg
Md_I = 11,8cmkg
Q_I = 13,5 l/s
Q_I = 13,4 l/s
Q_I = 13,3 l/s
Q_I = 13,2 l/s
69,6°
60,0°
50,0°
40,0°
30,0°
17,1°
16,5°
13,3°
8,0°
4,8°
2,5°
1,4°
Bremse unruhig!

Abb. 18.

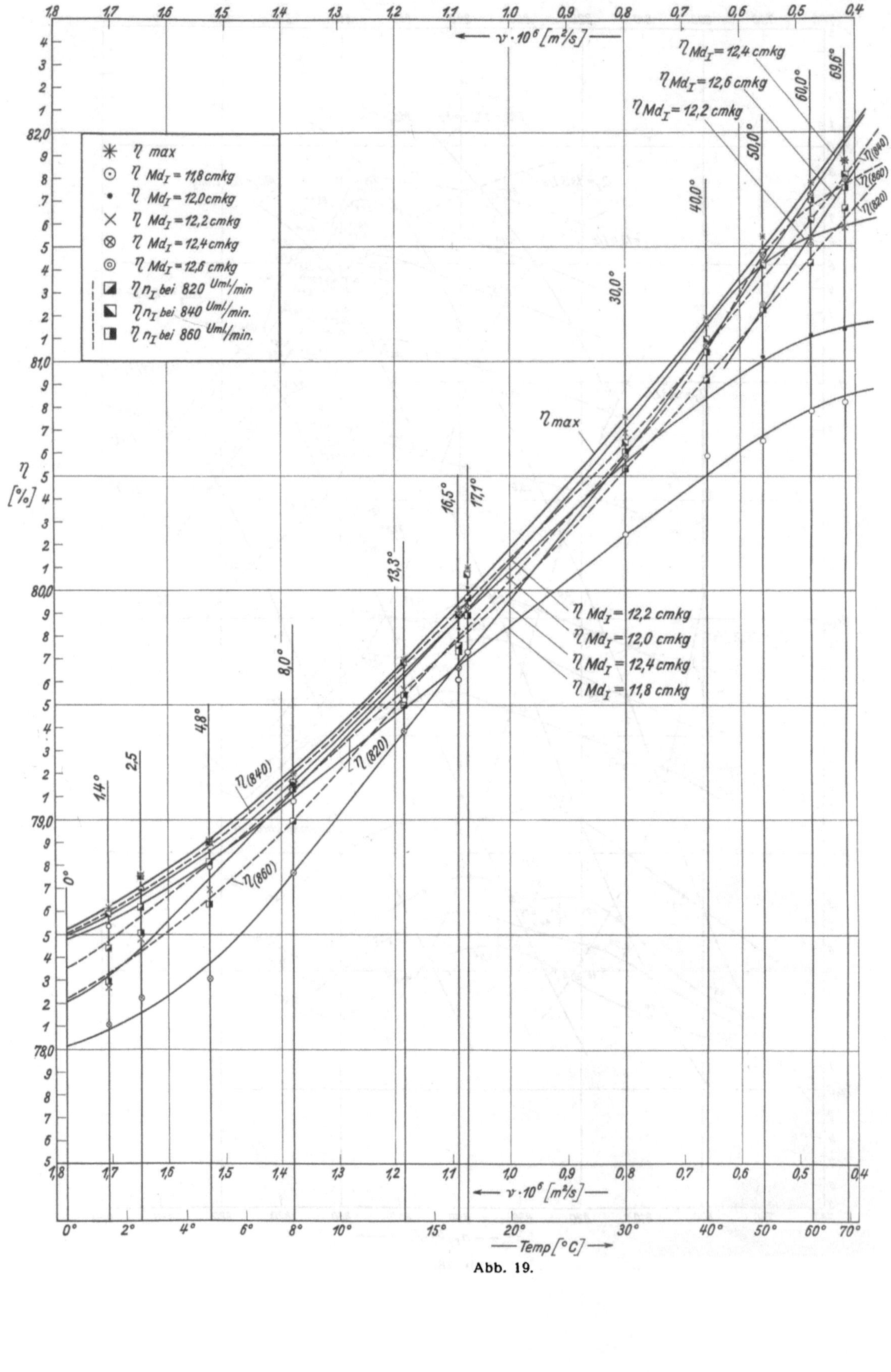

$\nu \cdot 10^6$ [m²/s]
η [%]
Temp [°C]
η max
η Md_I = 11,8 cmkg
η Md_I = 12,0 cmkg
η Md_I = 12,2 cmkg
η Md_I = 12,4 cmkg
η Md_I = 12,6 cmkg
η n_I bei 820 Uml./min
η n_I bei 840 Uml./min.
η n_I bei 860 Uml./min.
$\eta_{(840)}$
$\eta_{(860)}$
$\eta_{(820)}$

Abb. 19.

b) Hauptversuch I ($a_0 = 12{,}6$ mm).

In Abb. 18 ist über der Drehzahl n_I der Wirkungsgrad η aufgetragen. Die bei den verschiedenen Temperaturen zwischen 1,4° und 69,6° C gewonnenen Wirkungsgradkurven stufen sich übereinander; jede ist, ohne Berücksichtigung der etwa ½ Promille betragenden durchschnittlichen Streuung eines Versuchspunktes, stets dann genau durch einen zu ihr gehörenden

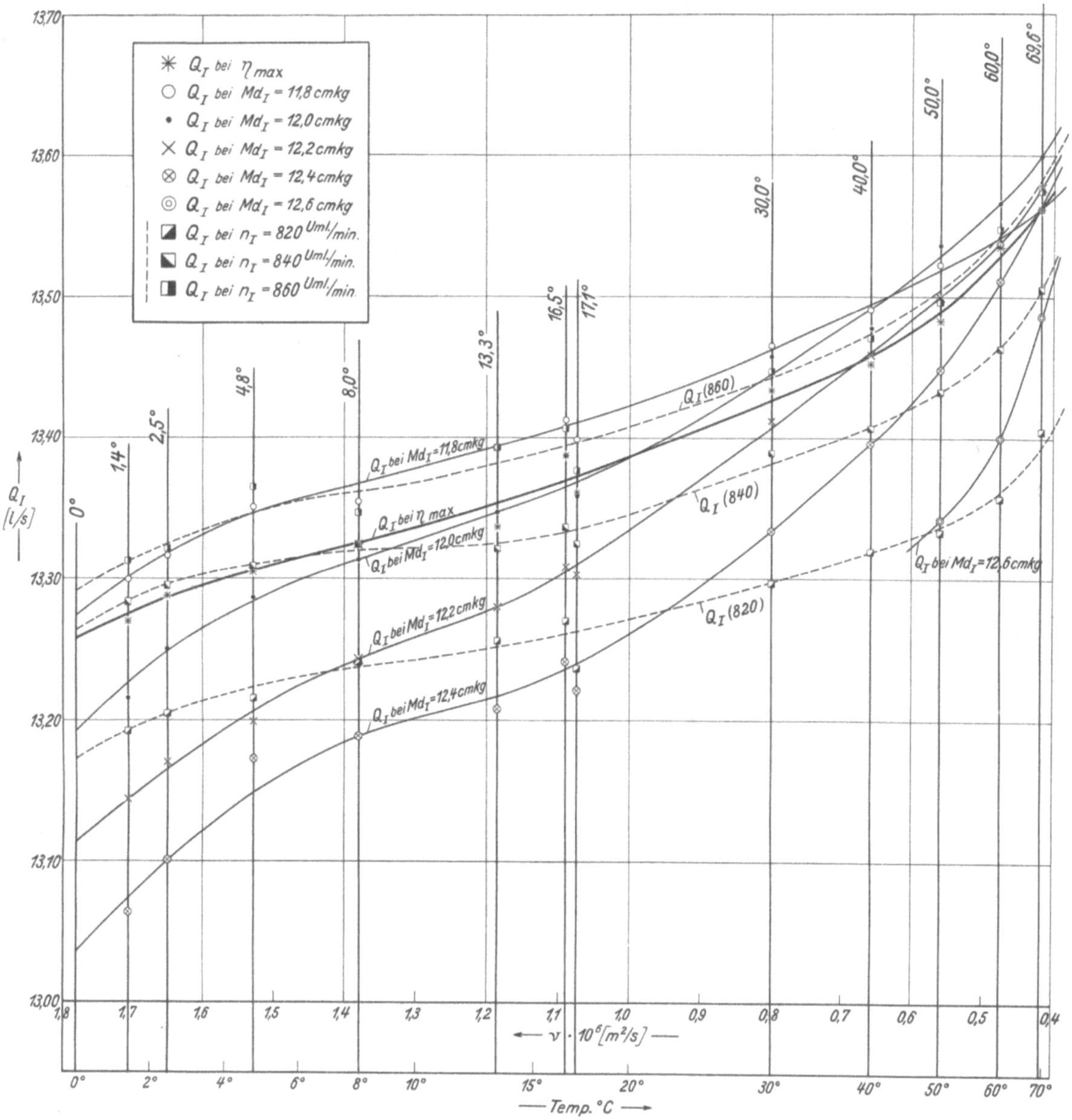

Abb. 20.

Punkt gelegt, wenn die Temperatur, die an die Kurve angeschrieben ist, mit derjenigen übereinstimmt, bei welcher der Punkt ermittelt wurde; andernfalls ist die η-Kurve durch Interpolation entsprechend verschoben. Die wenigen Punkte, die sich den regelmäßigen Kurvenzügen nicht anpassen, sind mit der zugehörigen Kurve durch Striche verbunden.

Die während des Temperaturanstieges bei gleichbleibender Bremsbelastung gefundenen η-Werte passen erst bei etwa 65° Wassertemperatur zu den in Abb. 18 dargestellten Wirkungsgradkurven, die auf den

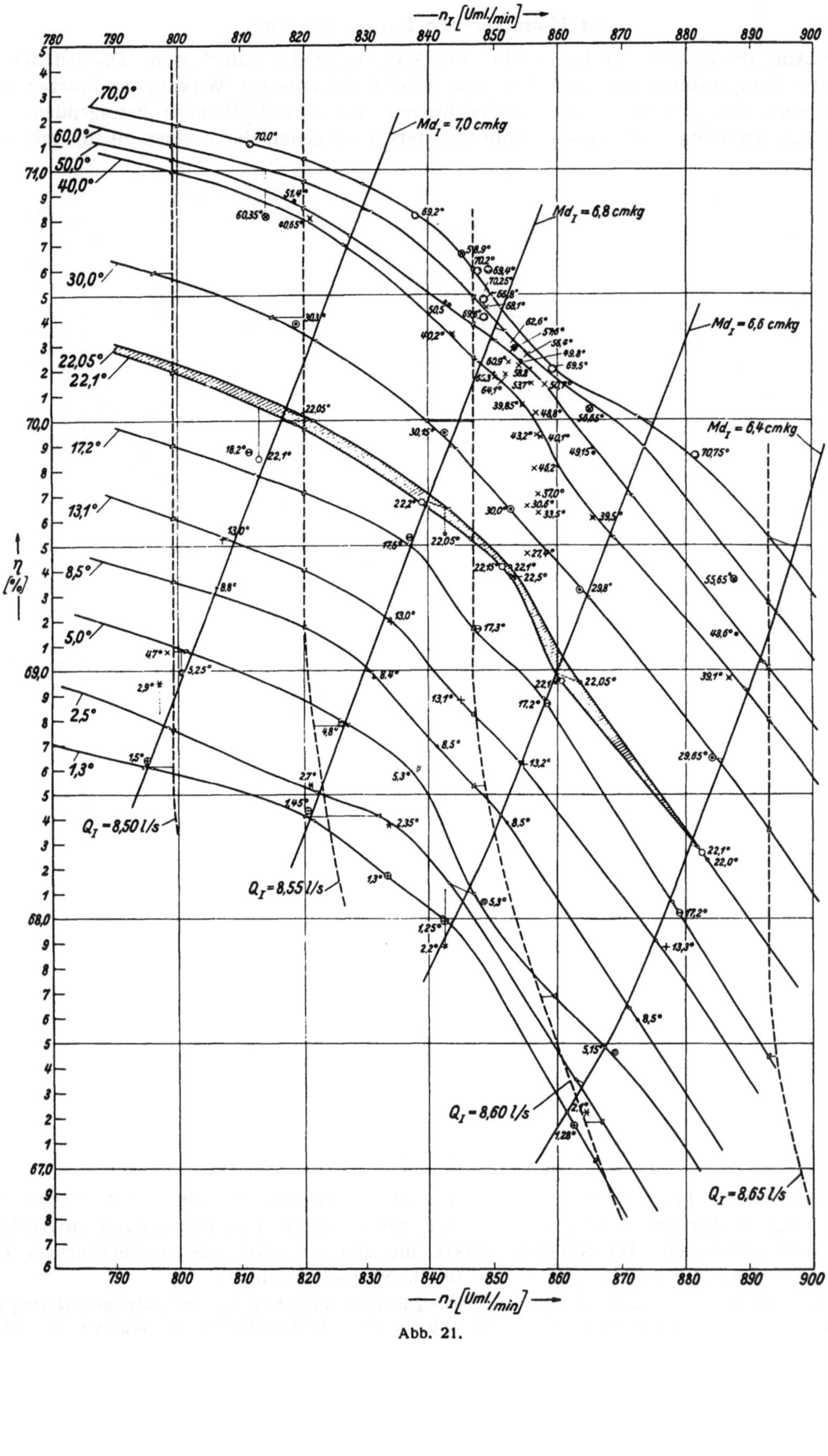

n_I [Uml./min]
η [%]
$Md_I = 7{,}0$ cmkg
$Md_I = 6{,}8$ cmkg
$Md_I = 6{,}6$ cmkg
$Md_I = 6{,}4$ cmkg
$Q_I = 8{,}50$ l/s
$Q_I = 8{,}55$ l/s
$Q_I = 8{,}60$ l/s
$Q_I = 8{,}65$ l/s
70,0°
60,0°
50,0°
40,0°
30,0°
22,05°
22,1°
17,2°
13,1°
8,5°
5,0°
2,5°
1,3°

Abb. 21.

Versuchen bei abfallender Wassertemperatur beruhen. Vor dem Hauptversuche I war nämlich, wie erwähnt, das Laufrad von dem Kalk- und Schlammansatze befreit worden; es bedeckte sich während des Anheizens mit einer dünnen Kalkschicht. Während des Temperaturabfalles wurde Kalk nicht ausgeschieden, so daß die der Abb. 18 zugrunde liegenden Versuche unter genau gleichen Bedingungen angestellt worden sind.

Die Kurven $Md_{\mathrm{I}} = \text{const.}$ und $Q_{\mathrm{I}} = \text{const.}$ wurden in die Abb. 18 mit Hilfe von zwei hier nicht gebrachten Darstellungen derselben Versuche eingezeichnet.

In Abb. 19 ist für eine Reihe von Drehmomenten und Drehzahlen der Wirkungsgrad über der Wassertemperatur und der kinematischen Zähigkeit aufgetragen. Abb. 20 gibt dieselbe Darstellung für die Wassermenge. In Abb. 19 ist ferner die Kurve der erreichten Höchstwirkungsgrade eingezeichnet, in Abb. 20 die Kurve der Wassermengen, mit denen diese Höchstwirkungsgrade erhalten wurden.

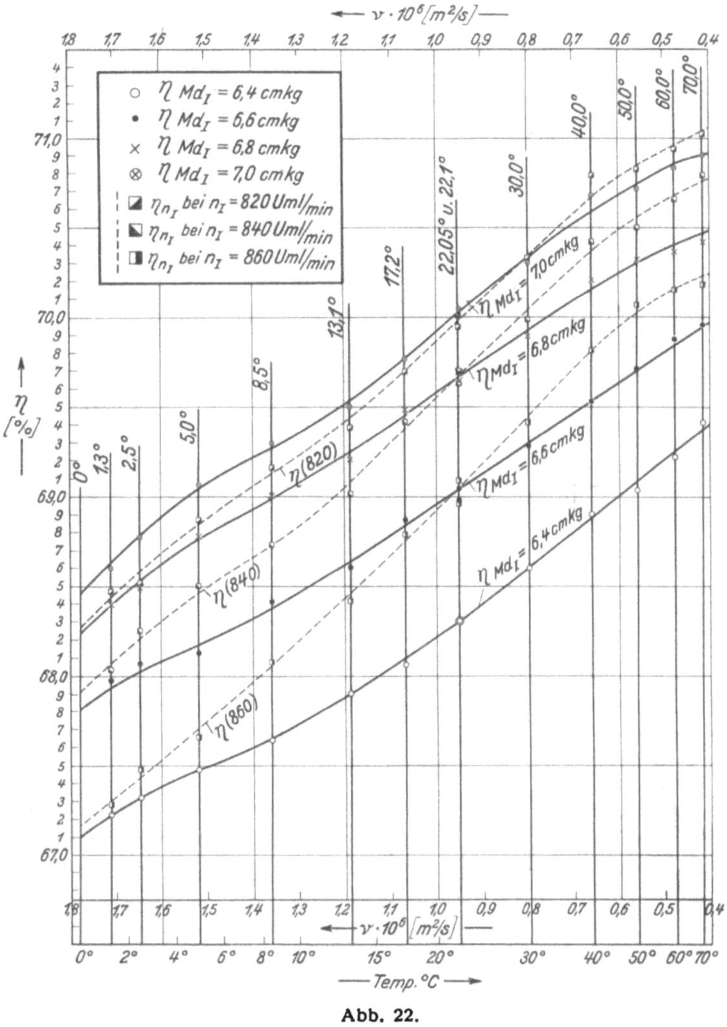

Abb. 22.

c) Hauptversuch II ($a_0 = 7{,}75$ mm).

Der Hauptversuch II wurde fast in gleicher Art durchgeführt und ebenso ausgewertet wie Hauptversuch I. In den (den Abb. 19 und 20 bei Hauptversuch I) entsprechenden Abbildungen (22 und 23) fehlen die Kurven $\eta_{\max}$ und $Q_{\mathrm{I}\,\eta_{\max}}$, da bei der Leitschaufelöffnung $a_0 = 7{,}75$ mm das Wirkungsgradmaximum bei $n_{\mathrm{I}} \sim 660$ Uml/min, also außerhalb des Versuchsbereiches lag.

Auffallend ist wieder die große Ähnlichkeit der Wirkungsgradkurven untereinander und der fast geradlinige Verlauf der Kurven $Md_I = \text{const.}$ und $Q_I = \text{const.}$ (Abb. 21). Bei diesem Hauptversuche wurde durch die Veränderung der Zähigkeit des Wassers die Wassermenge für $n_I = \text{const.}$ nur sehr wenig beeinflußt; die übrigen Größen verhielten sich ähnlich wie bei Hauptversuch I. Die Streuung der Versuchspunkte ist mit etwa 0,1% rund doppelt so groß wie bei Hauptversuch I, wohl als Folge der fast auf die Hälfte verkleinerten Bremsbelastung. Die Bremsbelastungen waren 310, 320, 325, 330 und 340 g.

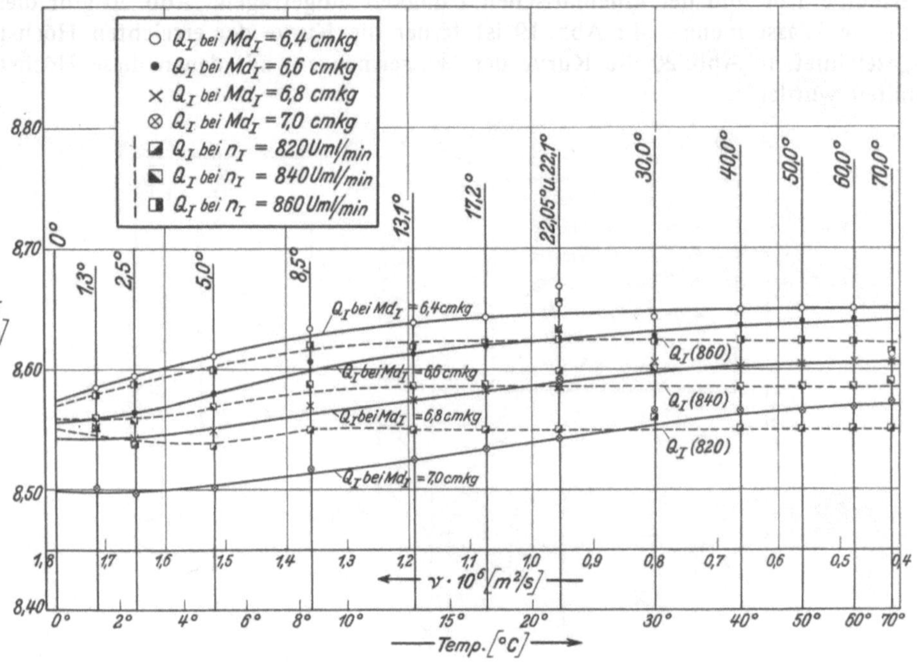

Abb. 23.

d) Hauptversuch III ($a_0 = 4{,}1$ mm).

Auch dieser gleicht sowohl in der Versuchsdurchführung wie in der Auswertung nahezu vollkommen dem Hauptversuche I. Die Bremsbelastungen waren 130, 135, 140, 145 und 150 g. Die Ergebnisse sind in Abb. 24 bis 26 dargestellt.

Auffallend war das Verhalten der Turbine bei ν-Werten, die kleiner als $0{,}6 \cdot 10^{-6}$ m²/s sind; bei einer weiteren Verminderung der Zähigkeit des Wassers sinken nämlich die Wirkungsgrade und die Wassermengen ab (Abb. 24 bis 26). Bei $\eta_{n_I = 860}$ tritt diese Erscheinung in derartig starkem Maße auf, daß bei $\nu = 0{,}4 \cdot 10^{-6}$ m²/s die gesamte zwischen $\nu = 1{,}78 \cdot 10^{-6}$ m²/s und $\nu = 0{,}6 \cdot 10^{-6}$ m²/s gewonnene Zunahme des Wirkungsgrades beinahe vollkommen rückgängig gemacht ist und dies ungeachtet einer Abnahme der Wassermenge (Q_I) um etwa 3% (Abb. 25 und 26). (Man beachte das Sinken der Wassermenge schon bei ν-Werten $< 0{,}94 \cdot 10^{-6}$ m²/s!). Die Ursache dieser Erscheinung ist wohl ein Umlegen der Strömung in einem Teile des Strömungsfeldes. Derartige Erscheinungen sind auch im Wasserturbinenbau schon bekannt[1]); daß sie bei der infolge der stark abnormalen Beaufschlagung sowieso stark gestörten Strömung auftraten, darf nicht überraschen.

---

[1]) Eine Voraussage derartiger Erscheinungen ist von Prof. Dr.-Ing. D. Thoma in der Arbeit „Die Versuchsanstalt für Wasserturbinen in Gotha", S. 5 gegeben worden (s. S. 20, Fußnote 1).

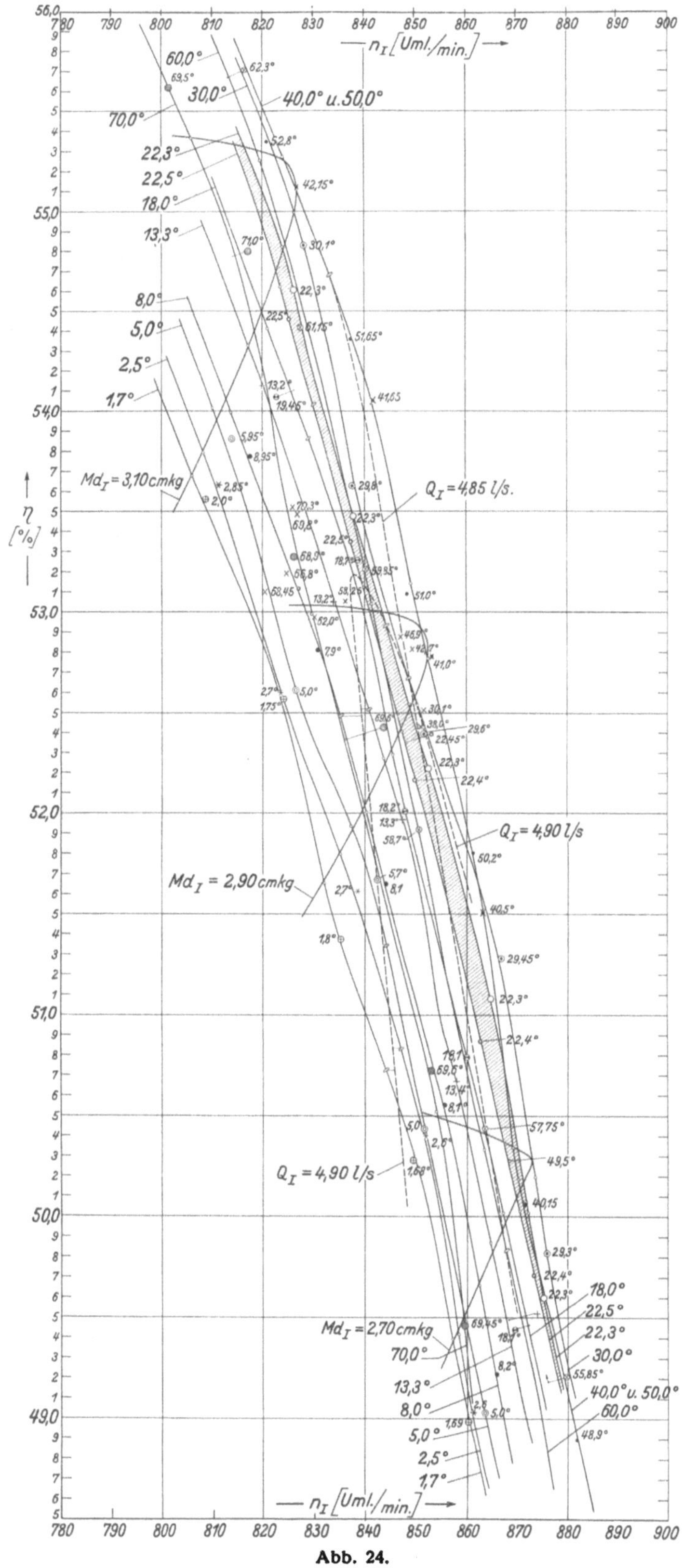

n_I [Uml./min.]
η [%]
$Md_I = 3,10$ cmkg
$Md_I = 2,90$ cmkg
$Md_I = 2,70$ cmkg
$Q_I = 4,85$ l/s.
$Q_I = 4,90$ l/s
40,0° u. 50,0°

Abb. 24.

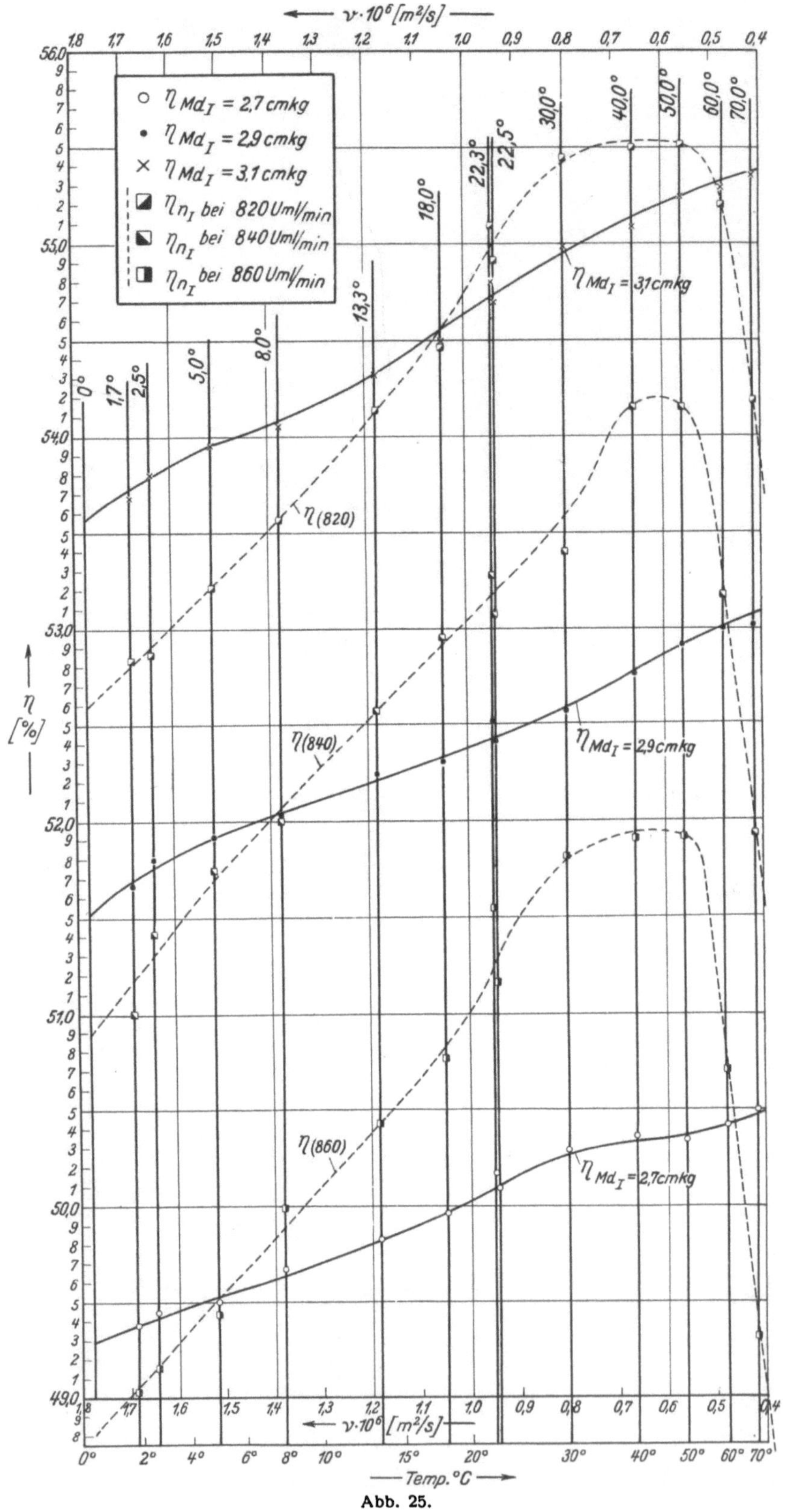

ν·10⁶ [m²/s]
η [%]
η Md_I = 2,7 cmkg
η Md_I = 2,9 cmkg
η Md_I = 3,1 cmkg
η n_I bei 820 Uml/min
η n_I bei 840 Uml/min
η n_I bei 860 Uml/min
η (820)
η (840)
η (860)
Temp. °C

Abb. 25.

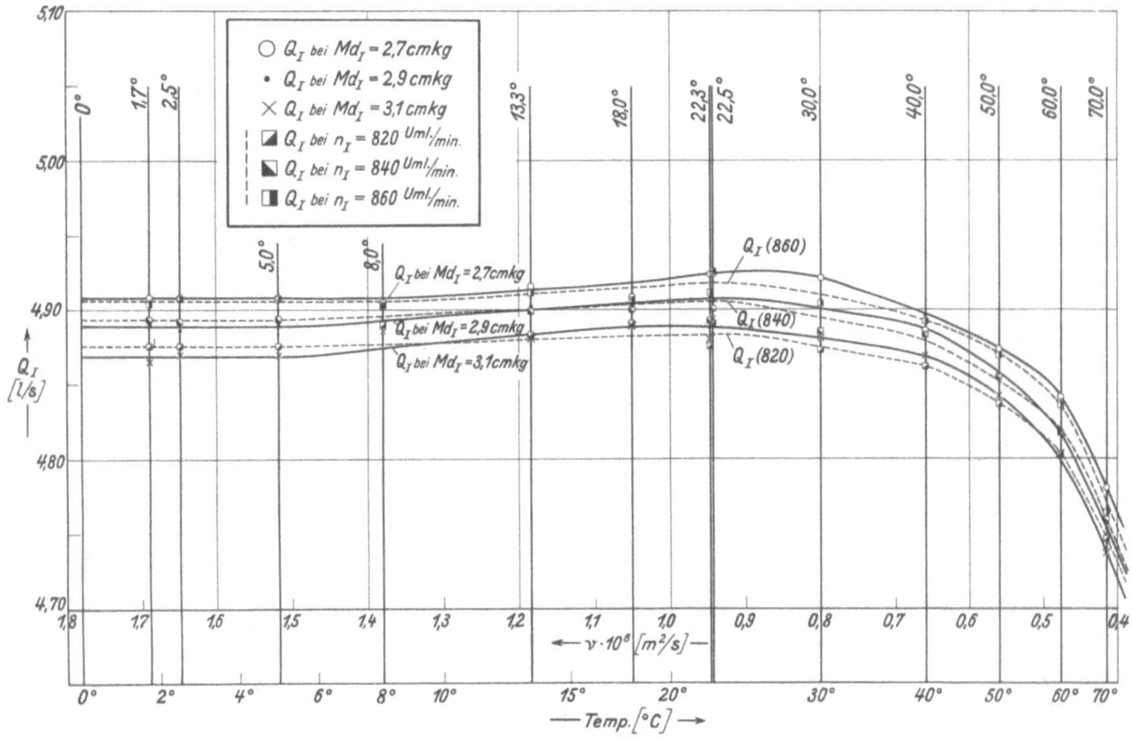

Abb. 26.

e) Zusammenfassung der Ergebnisse.

Die in den Abb. 27, 28 und 29 gebrachte räumliche Darstellung gewährt eine gute Übersicht. Aus den Raumflächen der Diagramme ist für eine bestimmte Drehzahl n_I das Verhalten von Wirkungsgrad und Wassermenge bei Veränderung der kinematischen Zähigkeit ν und bei Veränderung der Leitschaufelöffnung a_0 zu ersehen.

Es bedeuten:

$\Delta \eta =$ die Zunahme des Wirkungsgrades über denjenigen Wirkungsgrad, welcher bei 0° Wassertemperatur ($\nu = 1{,}78 \cdot 10^{-6}$ m²/s), bei gleichem Gefälle $H_v = 1$ m, gleicher Drehzahl n_I und gleicher Leitschaufelöffnung a_0 vorhanden ist.

$\Delta Q_I =$ die Zunahme der Wassermenge über diejenige Wassermenge, welche bei 0° Wassertemperatur, bei gleichem Gefälle $H_v = 1$ m, gleicher Drehzahl n_I und gleicher Leitschaufelöffnung a_0 vorhanden ist.

Danach ist also:

$$\Delta \eta = \eta - \eta_{0^\circ C} \quad \text{bei gleichem} \begin{cases} H_I \\ n_I \\ a_0 \end{cases}$$

und

$$\Delta Q_I = Q_I - Q_{I\,0^\circ C} \quad \text{bei gleichem} \begin{cases} H_I \\ n_I \\ a_0 \end{cases}$$

Jedes Raumkurvendiagramm enthält auch, durch einen Ring kenntlich gemacht, denjenigen Punkt, welcher für Leerlauf die Größe von a_0 angibt, wenn $H_v = 1$ m, $\nu = 1{,}12 \cdot 10^{-6}$ m²/s und die Leerlaufdrehzahl gerade gleich dem zugehörigen n_I ist.

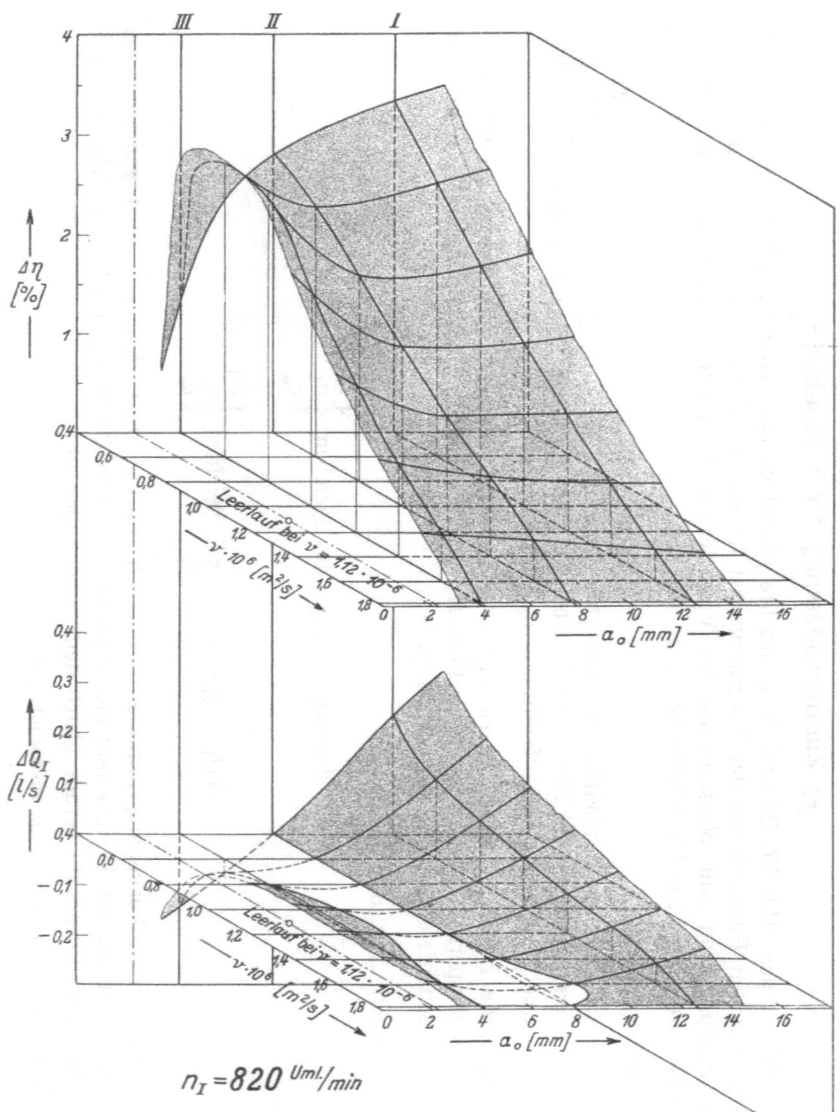

III II I
$\Delta\eta$ [%]
ΔQ_I [l/s]
Leerlauf bei $\nu = 1{,}12 \cdot 10^{-6}$
$\nu \cdot 10^6$ [m²/s]
a_o [mm]
$n_I = 820$ Uml./min

Abb. 27.

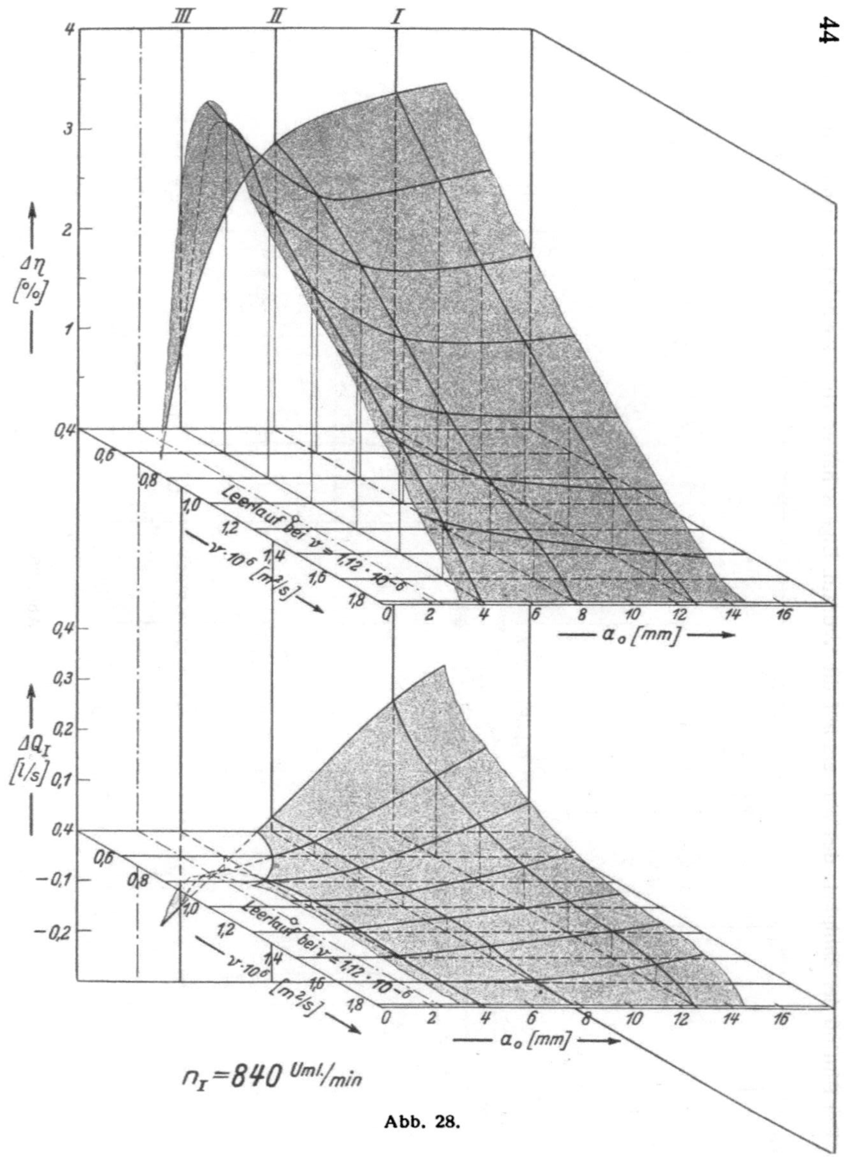

III II I
$\Delta\eta$ [%]
ΔQ_I [l/s]
Leerlauf bei $\nu = 1{,}12 \cdot 10^{-6}$
$\nu \cdot 10^6$ [m²/s]
a_o [mm]
$n_I = 840$ Uml./min

Abb. 28.

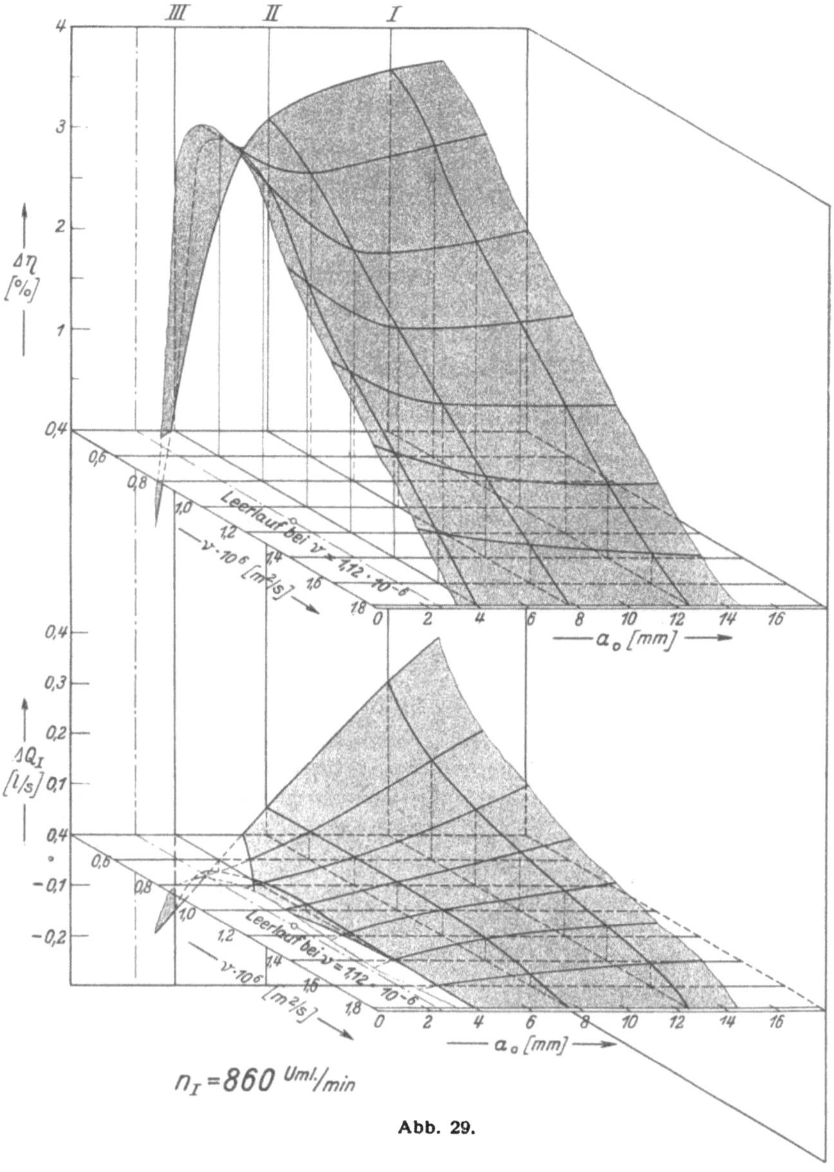

Abb. 29.

Mit Worten können die Ergebnisse der Hauptversuche folgendermaßen zusammengefaßt werden:

Das untersuchte Gebiet umfaßt alle kinematischen Zähigkeitswerte ν zwischen $\nu = 0{,}4 \cdot 10^{-6}\ m^2/s$ und $\nu = 1{,}78 \cdot 10^{-6}\ m^2/s$, welche sich wie 1:4,46 verhalten, den Bereich zwischen $^1/_4$ und $^7/_8$ Beaufschlagung und den Drehzahlenbereich $n_I = 810$ bis 870 Uml/min; (bei 15^0 C wird der absolut beste Wirkungsgrad bei $n_I = 832$ Uml/min erreicht).

Bei Konstanthaltung des Drehmomentes zeigt sich mit sinkender kinematischer Zähigkeit ν für die großen Leitschaufelöffnungen eine bedeutende Zunahme des Wirkungsgrades und der Wassermenge; für kleinere Leitschaufelöffnungen ist eine Veränderung der Zähigkeit des Wassers von geringerem Einfluß.

Wenn ν von $1{,}78 \cdot 10^{-6}\ m^2/s$ auf $0{,}6 \cdot 10^{-6}\ m^2/s$ abnimmt, zeigt sich bei Konstanthaltung der Drehzahl für alle Leitschaufelöffnungen eine ungefähr gleiche absolute, und zwar fast lineare

Zunahme des Wirkungsgrades, ferner ein Steigen der Wassermenge bei großen, ein Gleichbleiben bei kleinen Leitschaufelöffnungen; bei den beiden großen Leitschaufelöffnungen setzt sich dieses Verhalten auch bei Verkleinerung von ν unter $0{,}6 \cdot 10^{-6}$ m²/s fort, während bei der kleinsten Leitschaufelöffnung dann die Wirkungsgrade und Wassermengen wieder abnehmen.

VI. Schlußbemerkung.

Die Versuchsergebnisse lassen erkennen, daß es nicht nur möglich ist, mit einer derartig kleinen Modellturbine sehr genaue Vergleichsversuche anzustellen, sondern auch daß eine so kleine Apparatur durch ihre Handlichkeit unter gewissen Umständen vorteilhafter als ein großer Prüfstand ist.

Die Reynoldsschen Zahlen (R), bei denen der Hauptversuch I ausgeführt wurde, liegen zwischen ~ 11000 und ~ 50000. Es ist dabei in die Formel $R = \frac{v \cdot l}{\nu}$ für l die mittlere Lichtweite zwischen zwei Laufradschaufeln am Austritte (~ 7 mm) und für v die dort herrschende mittlere Relativgeschwindigkeit eingesetzt. Diese Reynoldsschen Zahlen sind verhältnismäßig niedrig. Für höhere Reynoldssche Zahlen, wie sie bei ausgeführten Turbinen vorkommen, werden sich bei einer gleichen Veränderung der Zähigkeit des Wassers, also einer Veränderung der Reynoldsschen Zahl in gleichem Verhältnis, fraglos geringere Veränderungen der hydraulischen Eigenschaften ergeben; qualitativ ist jedoch dasselbe Verhalten zu erwarten, worauf auch die beinahe lineare Zunahme des Wirkungsgrades mit sinkender kinematischer Zähigkeit (ν) hindeutet (Abb. 27 bis 29); dafür spricht auch der bei linearer Extrapolation für $\nu = 0$ sich ergebende Wirkungsgrad $\eta_{max} = 83{,}4\%$, der in Anbetracht des Umstandes, daß das kleine Laufrädchen natürlich eine große relative Rauhigkeit aufweist und verhältnismäßig viel zu weite Kranzspalte hat, als angemessen gelten darf.

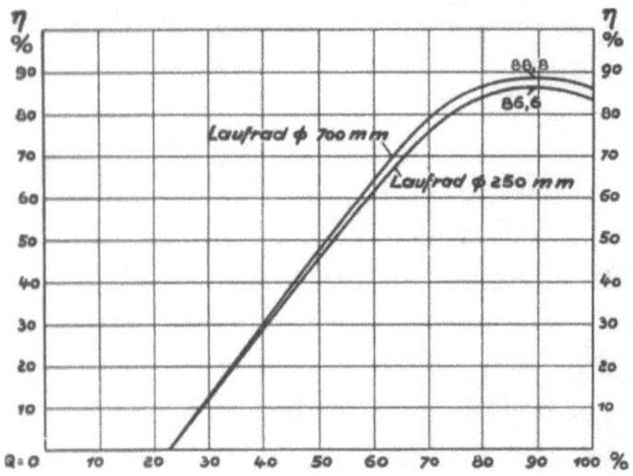

Abb. 30.

Unter gewissen Einschränkungen können auch die Wirkungsgradkurven (Abb. 30), welche von der Firma J. M. Voith, Heidenheim, an zwei geometrisch ähnlichen, aber verschieden großen Propellerturbinen gewonnen wurden, zum Vergleich mit Resultaten der vorliegenden Arbeit herangezogen werden. Wenn auch bei den Versuchen in Heidenheim Laufräder von höherer spezifischer Drehzahl ($n_s \sim 480$) verwendet wurden, die Reynoldsschen Zahlen bedeutend größer waren und die Verschiedenheit der relativen Rauhigkeiten sich bei dem Vergleiche der beiden Laufräder (250 mm Durchmesser und 700 mm Durchmesser) bemerkbar machen mußte, so zeigt sich doch bei verhältnismäßig gleicher Zunahme der Reynoldsschen Zahlen eine teilweise auffallend gute Übereinstimmung mit den in der vorliegenden Arbeit auf anderem Wege gefundenen Ergebnissen.

Untersuchungen über die Schmierfähigkeit von Ölen.

Von Dr.-Ing. **Rolf Voitländer**, München.

Durch Vorversuche konnte zufriedenstellende Genauigkeit der Reibungsanzeigen am verbesserten Ölprüfapparat[1]) festgestellt werden. Des weiteren ergaben Kontrollversuche an dem schon früher beschriebenen, ersten Apparat[2]) gute Übereinstimmung der an beiden Maschinen erzielten Reibungswerte. Damit war Gewähr für die gute Brauchbarkeit des verbesserten Apparates gegeben, und man konnte nunmehr weitere Untersuchungen an Schmiermitteln vornehmen.

I. Untersuchung der Schmierfähigkeit von Autoölen.

Bei diesen Untersuchungen sollten die Schmierfähigkeiten bekannter und handelsüblicher Autoöle bei der Temperatur, die in den Lagern des Explosionsmotors als höchstzulässig angesehen wird, nämlich 55° C, festgestellt und untereinander verglichen werden. Um die Einwirkung allzu verschiedener Zähigkeiten auszuschalten, wurden Autoöle derselben Viskositätsklasse, nämlich „mittelflüssige" Öle (ca. 6 — 8 Engler °/50° C), gewählt.

Tabelle 1.

Autoöl	Spez. Gew. bei 15° C	Zähigkeit bei 50° C		Zähigkeit bei 55° C	
		$\eta \left[\frac{kg \cdot s}{m^2}\right]$	E°	$\eta \left[\frac{kg \cdot s}{m^2}\right]$	E°
A	0,886	0,00577	8,70	0,00451	6,80
B	0,903	0,00508	7,48	0,00400	5,85
C	0,906	0,00534	7,86	0,00420	6,30
D	0,906	0,00538	7,90	0,00420	6,30
E	0,922	0,00405	5,90	0,00325	4,85
F	0,935	0,00608	8,64	0,00470	6,90
G	0,902	0,00458	6,77	0,00364	5,35
H	0,905	0,00570	8,38	0,00451	6,65
J	0,869	0,00411	6,33	0,00335	5,20
K	0,897	0,00494	7,34	0,00390	5,95

Die untersuchten Autoöle sind in Tabelle 1 enthalten. Die spezifischen Gewichte wurden mittels Aräometer, die Zähigkeiten im Vogel-Ossag-Viskosimeter bestimmt, letztere von Zimmertemperatur bis ca. 100° C, in Intervallen von durchschnittlich 7° zwischen je zwei Messungen. Abb. 1 zeigt die absoluten Zähigkeiten der untersuchten Öle in Abhängigkeit der Temperatur. Die Zähigkeitsunterschiede sind bei 55° C nicht so groß, daß dadurch ein allzu merklicher Einfluß auf die Schmier-

---

Einzelheiten des Versuchsvorganges siehe frühere Veröffentlichungen:

[1]) R. Voitländer, Der verbesserte Apparat zur Beurteilung der Schmierfähigkeit von Ölen. Mitteilungen Heft 4.

[2]) R. Voitländer, Untersuchungen an einem neuen Apparat zur Beurteilung der Schmierfähigkeit von Ölen. Mitteilungen Heft 3.

fähigkeit entstehen könnte. Abb. 2 stellt die Abhängigkeit der Reibungswerte vom Anpreßdruck dar und liefert bei Vergleich der Öle untereinander ein klares Bild über die Schmierfähigkeit jedes

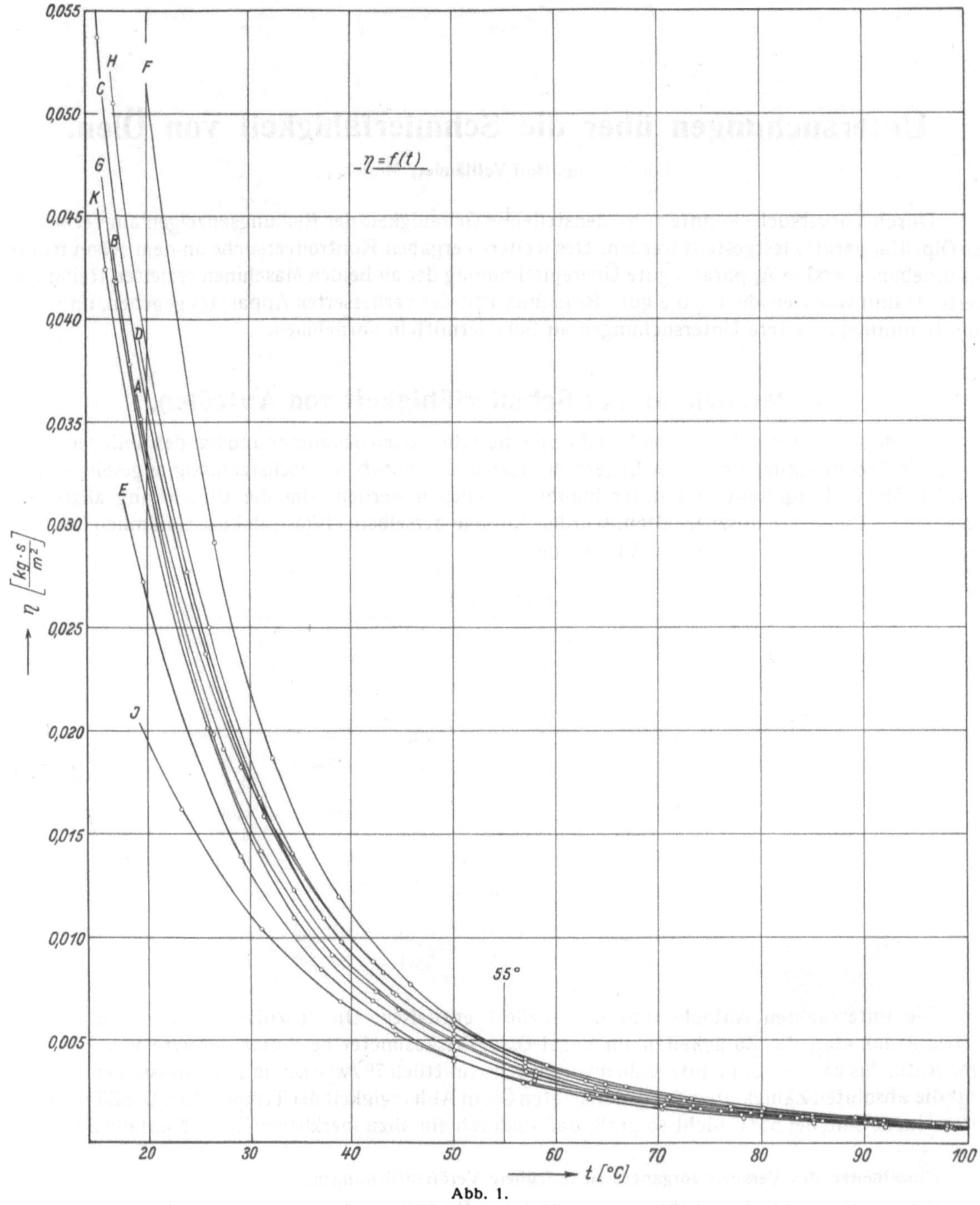

Abb. 1.

einzelnen Öles. Die Versuche wurden bei einer Temperatur des zu prüfenden Schmiermittels von 55° C durchgeführt; die Drehzahl der Gegenrolle betrug 300 Uml/min, die der Meßrolle 50 Uml/min. Die Anpreßdrücke waren in den Grenzen von 200 g bis 3500 g gehalten. Für jeden Anpreßdruck wurden

6 voneinander unabhängige Ablesungen gemacht; die Streuung der Beobachtungen war verhältnismäßig klein, so daß die Mittelwerte als zuverlässig angesprochen werden dürfen. Als Beispiel sind in Tabelle 2 die Versuchsergebnisse mit dem Öl *J* aufgeführt; für jeden Anpreßdruck gibt der Mittelwert R_m der 6 Einzelablesungen die in die Richtung der Meßrollenachse fallende Komponente der Reibungskraft an, während der Gesamtbetrag der Reibung, R_0, in der letzten Spalte angegeben ist[3]).

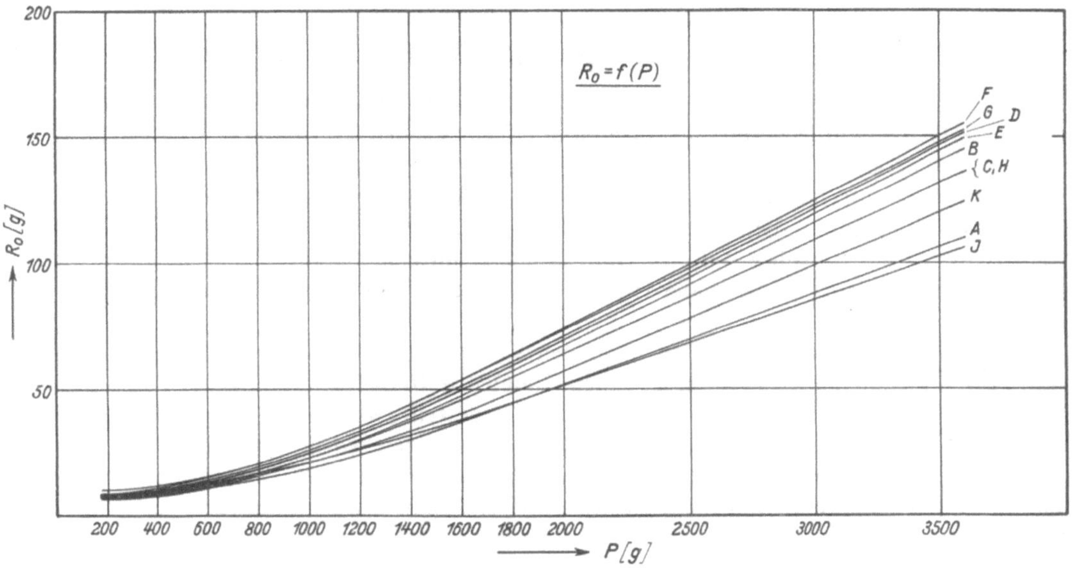

Abb. 2.

Tabelle 2.

Anpreß-druck in g	Gemessene Reibung in g						R_m [g]	R_0 [g]
200	9,0	10,5	10,0	8,0	9,0	8,0	9,1	9,2
400	9,0	10,5	11,0	8,0	10,0	8,0	9,4	9,5
600	10,5	14,5	12,0	13,0	13,5	13,0	12,8	13,0
800	14,5	16,5	14,0	15,0	16,0	15,0	15,2	15,4
1000	22,5	22,5	22,0	22,0	21,0	22,5	22,1	22,4
1200	28,5	26,0	25,0	26,0	26,0	28,5	26,6	27,0
1400	32,0	29,5	30,0	29,5	30,0	30,5	30,3	30,7
1600	39,0	39,0	39,0	40,0	37,5	40,0	39,1	39,6
1800	45,0	43,0	42,0	44,0	44,0	47,0	44,2	44,8
2000	50,0	47,5	49,5	48,5	49,0	50,0	49,1	49,8
2500	70,0	69,0	69,0	70,0	70,5	70,0	69,8	70,8
3000	85,0	84,0	84,0	83,0	86,0	85,0	84,5	85,7
3500	100,0	102,0	102,5	102,0	100,0	102,0	101,4	102,8

Wenn man die bei dem größten Anpreßdruck beobachteten Reibungswerte zugrunde legt und die Öle nach steigenden Reibungswerten — also nach fallender Schmierfähigkeit — ordnet, ergibt sich folgende Reihenfolge: *J* (größte Schmierfähigkeit), *A*, *K*, *H*, *C*, *B*, *E*, *D*, *G*, *F* (kleinste Schmierfähigkeit).

[3]) Siehe Heft 3, S. 149.

Dazu sei noch bemerkt, daß die Schmierfähigkeit allein noch kein vollständiger Maßstab für die Güte eines Öles ist. Um ein Öl endgültig beurteilen zu können, sind auch noch andere Eigenschaften des Öles in Betracht zu ziehen; so muß z. B. von einem Autoöl vor allem verlangt werden, daß es möglichst keine Rückstände hinterläßt, um die schädlichen Ölkohlenablagerungen zu vermeiden. Immerhin ist es bemerkenswert, daß die auf dem Markte befindlichen Autoöle hinsichtlich der Schmierfähigkeit recht erhebliche Unterschiede zeigen.

II. Untersuchung der Schmierfähigkeit von Compoundölen.

Die bekannte Erfahrung, daß die Schmierfähigkeit eines Pflanzenöles erheblich größer als die eines Mineralöles ist, wurde bereits des öfteren am Thoma'schen Ölprüfapparat bestätigt. Für den praktischen Betrieb erhöht man durch Vermischung eines Mineralöles mit einem kleineren Teil eines Pflanzenöles die Schmierfähigkeit des ersteren; man sucht durch diese „Compoundöle" das für die Praxis zu teuere Pflanzenöl, das außerdem durch seine erheblichen Rückstände schädlichen Einfluß besitzt, auszuschalten. Es sollte nun am Ölprüfapparat untersucht werden, in welchem Maße ein Mineralöl bei verschiedener prozentualer Hinzufügung eines Pflanzenöles an Schmierfähigkeit jeweils gewinnt.

Zu diesem Zwecke wurde bei den folgenden Versuchen zunächst die Schmierfähigkeit eines mineralischen Maschinenöles und die eines rohen Rüböles bestimmt. Hierauf wurden durch Mischung des Maschinenöles mit dem Rüböl 10 Compoundöle hergestellt, welche jeweils um 5% mehr Rüböl enthielten; es bestand also das zehnte Compoundöl aus gleichen Raumteilen Maschinenöl und Rüböl. Weiter als 50% zu compoundieren ist aus den oben erwähnten Gründen nicht mehr zweckmäßig; ein Gehalt von 50% Pflanzenöl gilt auch in der Praxis als Maximalwert.

In Tabelle 3 sind die untersuchten Öle aufgeführt; die Compoundöle sind mit C bezeichnet, deren Indices den jeweiligen Gehalt an Rüböl in Volumenprozenten angeben.

Tabelle 3.

Schmiermittel	Spez. Gew. bei 15° C	Zähigkeit bei 50° C $\eta\left[\frac{kg \cdot s}{m^2}\right]$	Zähigkeit bei 50° C E°	Temperatur bei $\eta = 0{,}00857\ \frac{kg \cdot s}{m^2}$
Amerikanisches Maschinenöl	0,9227	0,00463	6,04	39,3
Compoundöl . . . . . . C_5	0,9223	0,00423	6,14	37,5
„ . . . . . . C_{10}	0,9217	0,00396	5,75	35,7
„ . . . . . . C_{15}	0,9211	0,00390	5,67	34,9
„ . . . . . . C_{20}	0,9204	0,00376	5,43	34,2
„ . . . . . . C_{25}	0,9198	0,00360	5,31	33,3
„ . . . . . . C_{30}	0,9191	0,00353	5,19	31,9
„ . . . . . . C_{35}	0,9185	0,00337	4,96	30,8
„ . . . . . . C_{40}	0,9178	0,00330	4,87	30,0
„ . . . . . . C_{45}	0,9172	0,00317	4,68	28,7
„ . . . . . . C_{50}	0,9165	0,00308	4,56	27,9
Rohes Rüböl	0,9100	0,002856	4,30	21,7

Die Zähigkeiten wurden im Vogel-Ossag-Viskosimeter ähnlich der schon früher erwähnten Art bestimmt und sind in Abb. 3 in Abhängigkeit von der Temperatur aufgetragen. Der Verlauf der Zähigkeitskurven der Compoundöle bestätigt die bekannte Tatsache, daß die Zähigkeit keine additive Eigenschaft ist; man kann sie für Mischungen von Ölen bekannter Zähigkeit nicht nach der Mischungsregel berechnen, sondern findet Werte, die ungleichmäßig und stets kleiner sind als die nach letzterer berechneten. Um den Einfluß verschiedener Zähigkeit zu vermeiden, wurde eine gemeinsame Zähigkeit $\left(\eta = 0{,}00857\ \frac{kg \cdot s}{m^2}\right)$ gewählt, die bei der Bestimmung der Schmierfähigkeit durch Einstellen der entsprechenden Temperatur erzielt wurde.

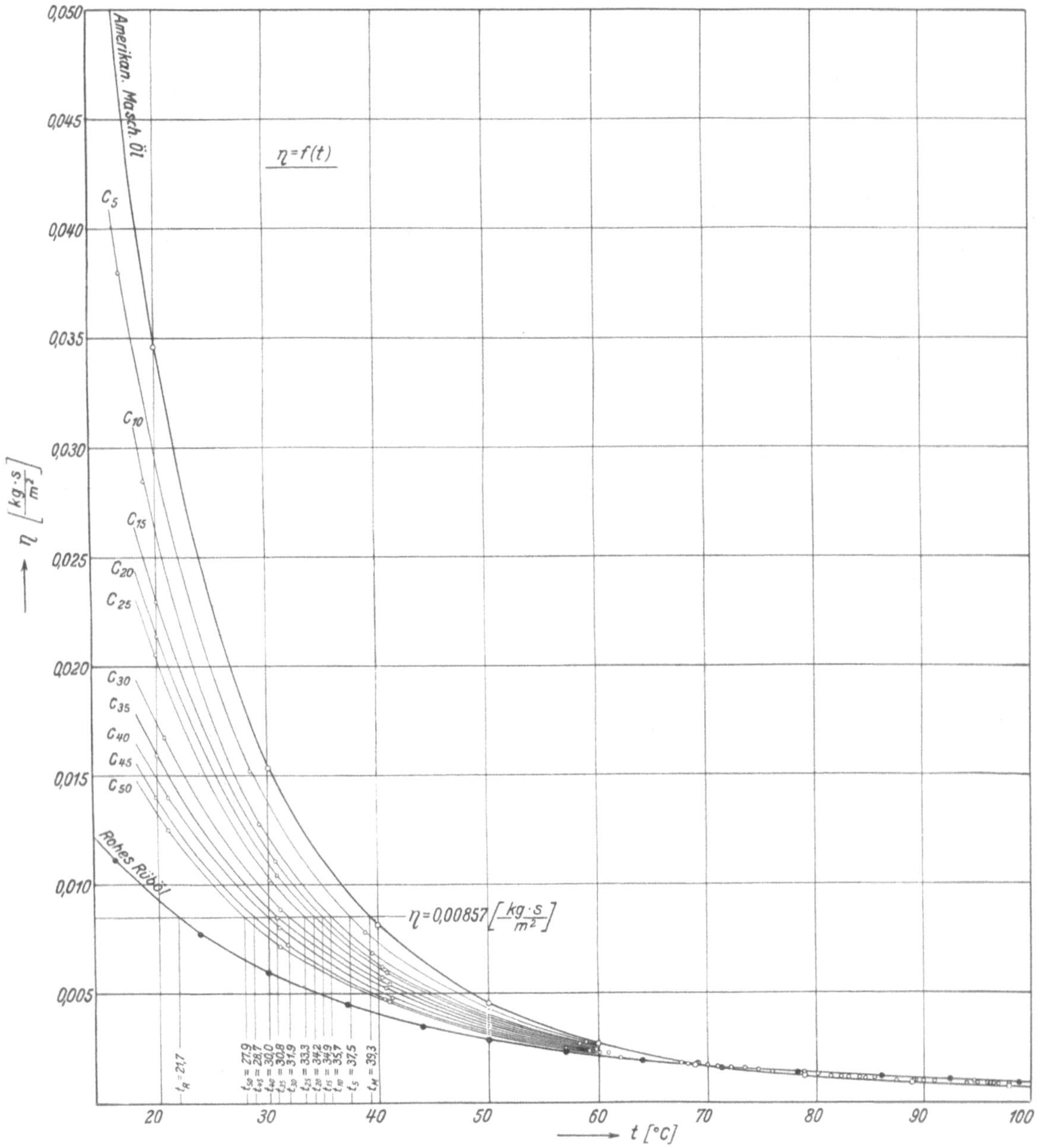

Abb. 3.

Die Reibungswerte der einzelnen Öle, die ebenso wie bei den in Abschnitt I beschriebenen Versuchen mit einer Gegenrollendrehzahl von 300 Uml/min und einer Meßrollendrehzahl von 50 Uml/min erhalten wurden, sind in Abb. 4 in Abhängigkeit vom Anpreßdruck dargestellt.

Bei Beurteilung der Reibungskurven der Compoundöle kann man die interessante Tatsache feststellen, daß die Schmierfähigkeit der einzelnen Compoundöle nicht proportional dem jeweiligen prozentualen Zusatz an fettem Öle wächst; die Abnahme der Reibung bei den Compoundölen ist größer als sie dem prozentualen Bestandteil des hinzugefügten Pflanzenöles eigentlich entspricht. Bei 3,5 kg Anpreßdruck ist bei den Compoundölen die Abnahme der Reibung R_0 gegenüber dem reinen Maschinenöl, ausgedrückt in Hundertteilen der Abnahme für reines Rüböl, wie folgt:

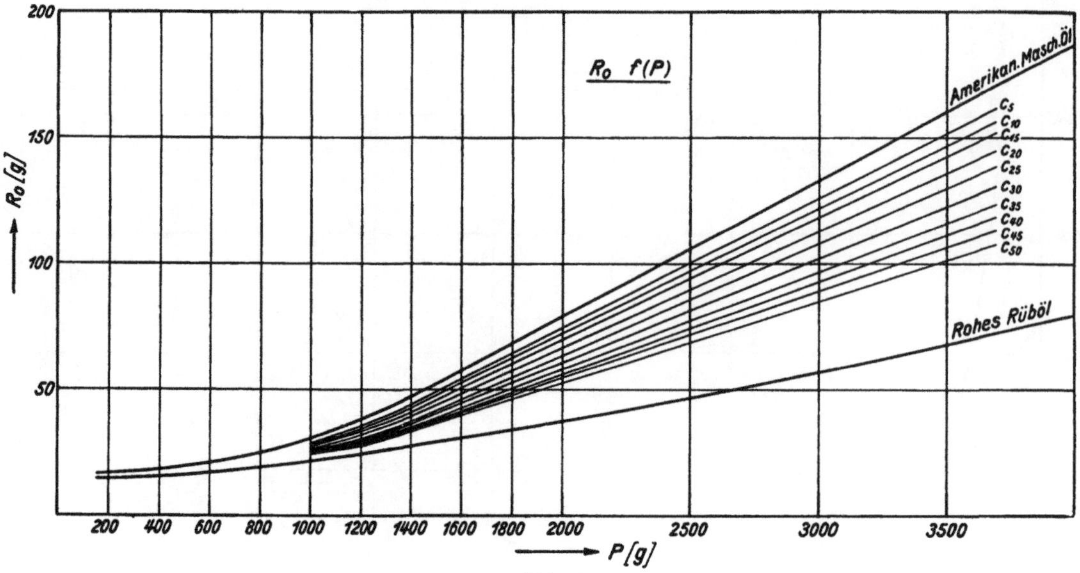

Abb. 4.

Compoundöl	$C_5 = 8{,}7\,\%$	Compoundöl	$C_{30} = 40{,}8\,\%$
„	$C_{10} = 14{,}7\,\%$	„	$C_{35} = 47{,}8\,\%$
„	$C_{15} = 19{,}6\,\%$	„	$C_{40} = 53{,}2\,\%$
„	$C_{20} = 26{,}1\,\%$	„	$C_{45} = 58{,}1\,\%$
„	$C_{25} = 32{,}6\,\%$	„	$C_{50} = 63{,}6\,\%$

Diese Ergebnisse lassen erkennen, daß auch die Schmierfähigkeit keine additive Eigenschaft ist; man kann auch sie nicht nach der Mischungsregel berechnen, denn die gefundenen Reibungswerte sind stets kleiner, als man sie nach der Mischungsregel erhalten würde.

Verluste in glatten Rohrkrümmern mit kreisrundem Querschnitt bei weniger als 90° Ablenkung.

Von Dipl.-Ing. **Rudolf Wasielewski.**

A. Zweck der Untersuchungen.

Über Kniestücke mit verschiedenen Ablenkungswinkeln liegen bereits mehrere Untersuchungen vor, während bei Rohrkrümmern bisher nur Ablenkungswinkel von 90° behandelt sind. Bei Rohrkrümmern mit Ablenkungswinkeln $\delta < 90^0$ hat man sich bisher auf die Annahme gestützt, daß sich die Widerstandszahlen im Verhältnis zu derjenigen bei 90° Umlenkung wie die Winkel verhalten, also $\zeta_{\text{bei} \sphericalangle \delta} = \zeta_{90^0} \cdot \frac{\delta^0}{90^0}$. Durch die vorliegenden Versuche sollten diese Annahme geprüft und die tatsächlichen Widerstände bei Krümmern mit Ablenkungswinkeln $\delta < 90^0$ ermittelt werden.

Die Versuche wurden ausgeführt im Anschluß an die Untersuchungen von A. Hofmann[1]) über Widerstandszahlen von Krümmern mit rechtwinkliger Ablenkung und an die Untersuchungen von H. Kirchbach[2]) über Kniestücke mit Ablenkungswinkeln von $\delta = 15^0$ bis $\delta = 90^0$. Die Ergebnisse der Versuche von A. Hofmann wurden in dieser Arbeit berücksichtigt; auch diejenigen von H. Kirchbach und W. Schubart[3]) konnten zum Vergleich herangezogen werden.

B. Versuchsanordnung.

Die Versuchseinrichtung ist aus den Abb. 1 und 2 ersichtlich. Sie besteht aus einem 5450 mm langen Zulaufrohr *A* und einem 3980 mm langen Ablaufrohr *B* mit je 43 mm lichtem Durchmesser. Zulaufrohr *A* setzt sich aus drei Messingrohren zusammen, von denen die Rohre I und II handelsüblich gezogene Rohre waren, während Rohr III besonders genau gezogen war (Präzisions-Messingrohr). Ablaufrohr *B* bestand aus vier Rohrstücken, wobei die Rohre IV und VII handelsüblich, dagegen die Rohre V und VI Präzisions-Messingrohre waren. Durch den Einbau der Präzisions-Messingrohre (43 ± 0,05 mm l. W.) sollte erreicht werden, daß an den Druckentnahmestellen die Rohrdurchmesser möglichst gleich waren.

Zu den Versuchen sei im einzelnen folgendes bemerkt: Schieber *D* wurde während der Versuche ganz offen gehalten, während mit Schieber *E* die jeweiligen Geschwindigkeiten eingestellt wurden. An letzteren Schieber schloß sich unmittelbar das Fallrohr *F* an, das einen größeren Durchmesser hatte als die anderen Rohre der Versuchseinrichtung. Das Fallrohr wurde belüftet, um eine Rückwirkung des ausströmenden Wassers zu verhindern. Die Falleitung brachte das Wasser auf die Wägeeinrichtung (2,5 t-Waage; Zeitmessung mittels Bandchronograph und Normaluhr). Je nach der Wassermenge wurden jeweils 250 kg bis 1500 kg Wasser abgewogen.

Um einen stoßfreien Übergang des Wassers an den Verbindungsstellen der einzelnen Rohre zu sichern, wurden die Endflansche mit Zentrierungen versehen und zwischen die Anschlußstellen Zwischenflansche eingeschaltet, wie sie Hofmann schon beschrieben hat. Die Zwischenflansche

---

[1]) Mitteilungen, Heft 3, S. 45 u. f.
[2]) Mitteilungen, Heft 3, S. 68 u. f.
[3]) Mitteilungen, Heft 3, S. 121 u. f.

hatten den Zweck, einen genauen Übergang der Rohrstücke zu ermöglichen. Ungleichheiten der Querschnitte waren durch Abschaben leicht zu beheben. Da die Flanschen sehr genau gearbeitet waren, genügte für die Dichtung ein dünner Überzug von Fett; nach innen herausgepreßtes Fett wurde sorgfältig entfernt.

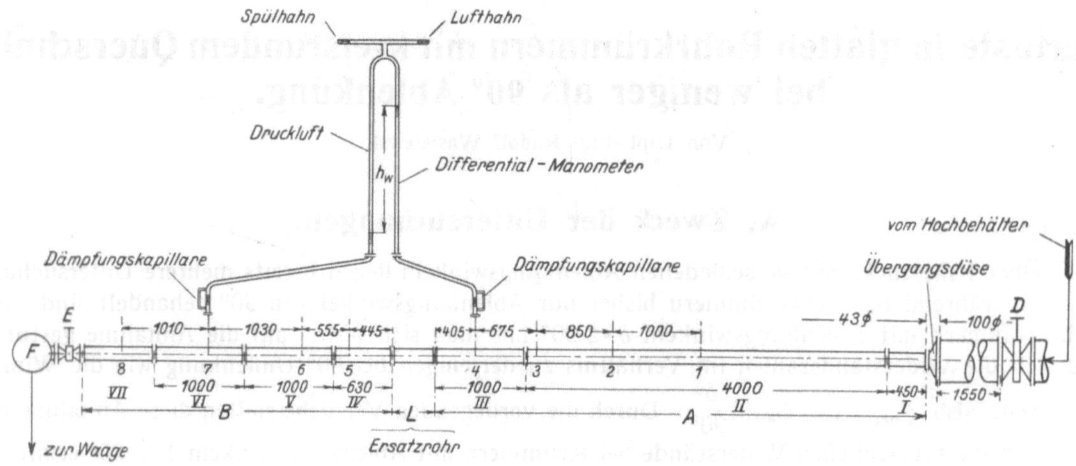

Abb. 1. Schema der Versuchseinrichtung mit eingebautem Ersatzrohr $L = 450$ mm.

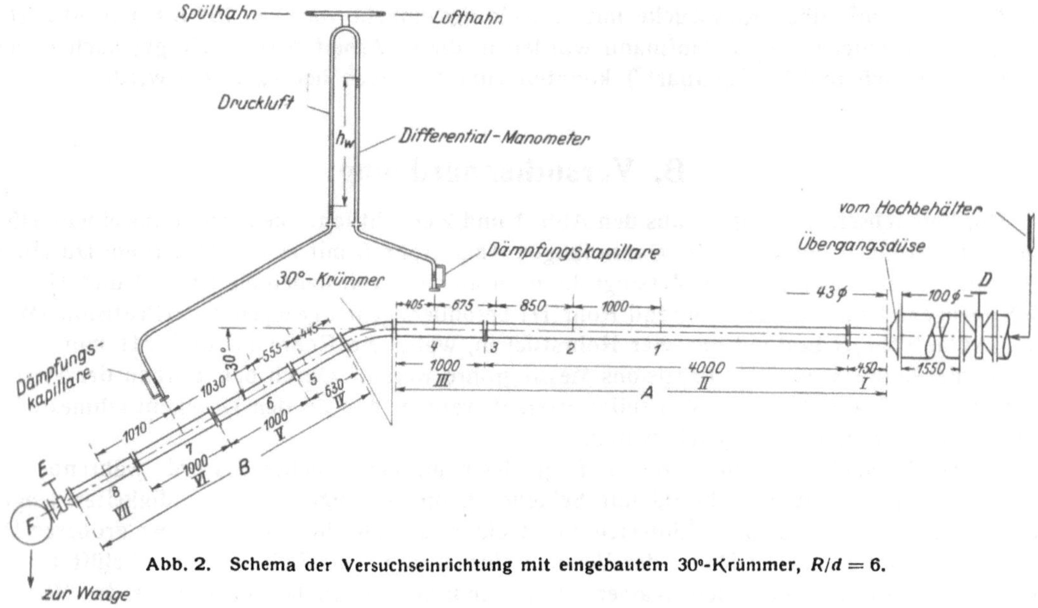

Abb. 2. Schema der Versuchseinrichtung mit eingebautem 30°-Krümmer, $R/d = 6$.

Im Zu- und Ablaufrohr befanden sich mehrere Anschlußstellen für das Manometer. Lage und Zahl der einzelnen Meßstellen sind aus Abb. 1 und 2 ersichtlich. Verwendet wurden die im Hydraulischen Institut üblichen Meßbohrungen mit Ringmuffen. Die Verbindung mit dem Manometer erfolgte in der bereits von A. Hofmann beschriebenen Art durch Expreßnippel und Kapillaren. Wegen der Kleinheit der Verluste schieden Quecksilber-Manometer aus. Es wurden Differential-Luft-Wassermanometer von entsprechender Länge verwendet. Die Versuchsrohrleitung war sorgfältig mit kräftigen Böcken unterstützt, um Durchbiegungen zu vermeiden.

C. Versuchskörper.

Mit Rücksicht auf den verhältnismäßig kleinen Maßstab der Versuchskörper wurde eine besonders große Genauigkeit der Ausführung notwendig. Die Bearbeitung der Versuchskörper wurde von der Münchener Firma Friedrich Deckel mit größten Abweichungen von nur $\pm$ 0,05 mm aus-

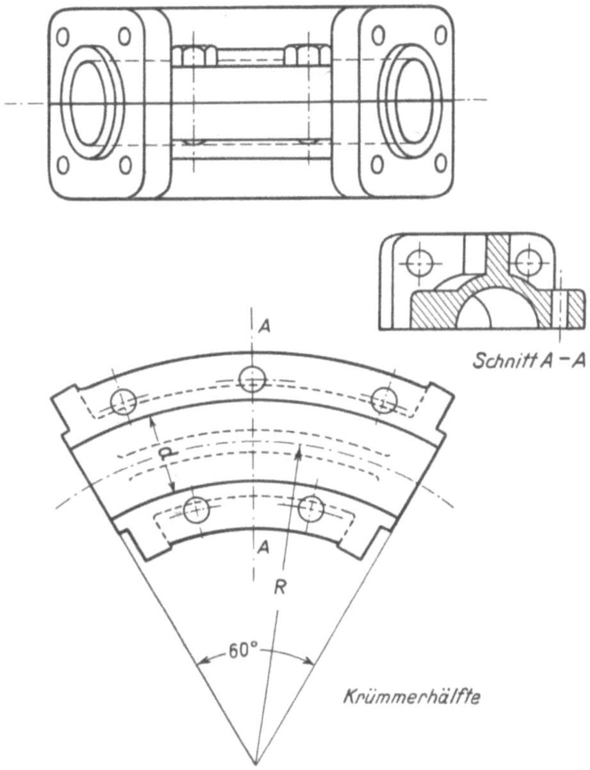

Abb. 3. 60°-Krümmer, $R/d = 4$.

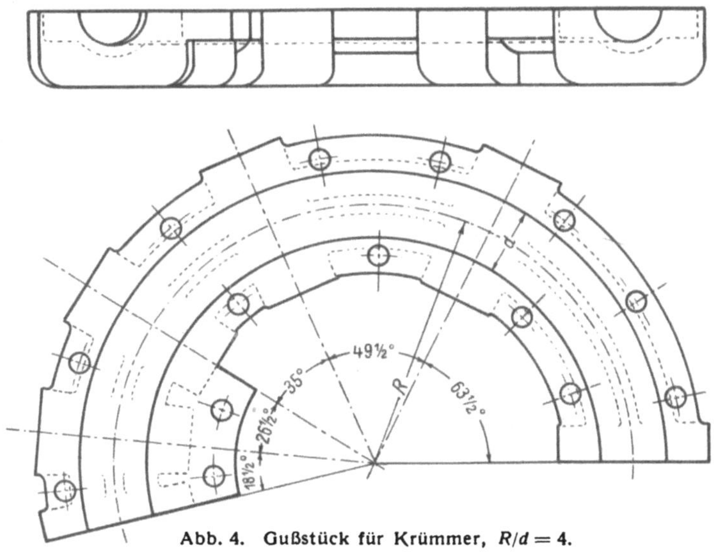

Abb. 4. Gußstück für Krümmer, $R/d = 4$.

geführt. Die Bauart eines derartigen Krümmers, die sich an die von A. Hofmann verwendeten anschließt, ist aus Abb. 3 ersichtlich. Die Herstellung erfolgte so, daß alle Krümmer mit gleichem R/d in einem Gußstück vereint gegossen wurden (ein Beispiel zeigt Abb. 4); erst nach Bearbeitung des Inneren wurde das Stück in die Einzelkrümmer aufgeschnitten und auf die entsprechenden Winkel bearbeitet. Das Krümmungsverhältnis R/d ($R =$ Krümmungsradius, $d =$ Krümmerdurchmesser) wurde wie bei A. Hofmann beibehalten, und zwar:

$$R/d = 1,\ 2,\ 4,\ 6 \text{ und } 10.$$

Für später ist noch eine Untersuchung mit einem Krümmungsverhältnis $R/d = 15$ vorgesehen. Als Ablenkungswinkel wurden gewählt:

$$\delta = 15^0,\ 22\tfrac{1}{2}^0,\ 30^0,\ 45^0 \text{ und } 60^0.$$

Außerdem wurden durch Zusammensetzen der Stücke mit 30⁰ und 45⁰ Ablenkung Krümmer mit 75⁰ hergestellt; durch Umlegen eines Zentrierringes (Abb. 5) wurde dabei der zentrische Anschluß sichergestellt. Nur bei $R/d = 1$ war aus konstruktiven Gründen die Zusammenfügung nicht möglich; die Bauart dieser Krümmer geht aus Abb. 6 hervor.

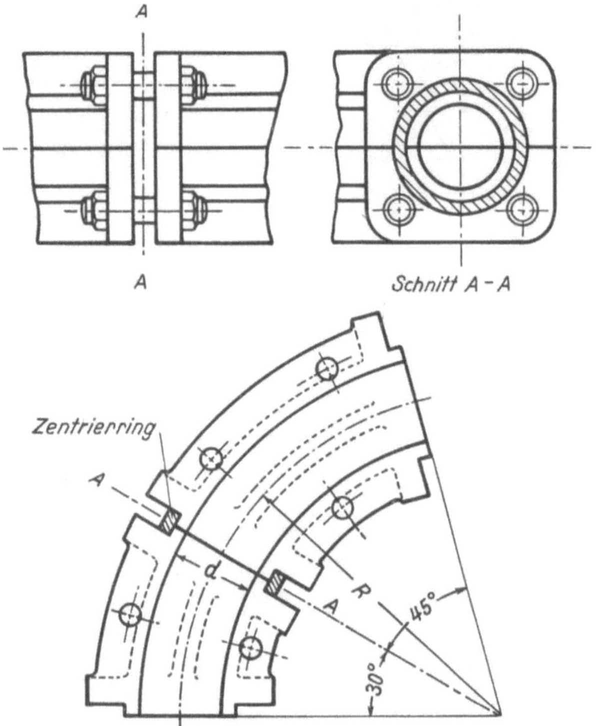

Abb. 5. 75°-Krümmer, $R/d = 4$, aus einem 30°-Krümmer und einem 45°-Krümmer zusammengesetzt.

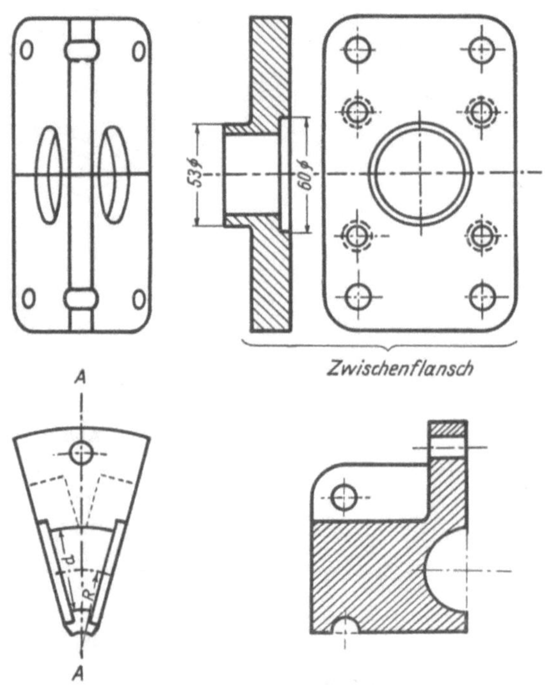

Abb. 6. 30°-Krümmer, $R/d = 1$.

D. Durchführung der Versuche.

Der durch den Krümmer verursachte Druckverlust ist definiert als Verlust einer Rohrstrecke mit eingebautem Krümmer vermindert um den Verlust, der in derselben Rohrstrecke eintritt, wenn statt des Krümmers, wie bei A. Hofmann, ein gerades Rohrstück von gleicher Länge — Ersatzrohr — eingebaut ist. Selbstverständlich müssen alle Stücke gleiche Wandbeschaffenheit haben.

Die Durchmesser der Zulaufrohre und der Ablaufrohre wurden durch Abwiegen des Wasserinhaltes bestimmt.

Tabelle über die verwendeten Rohre.

Zulaufrohr A	I	$l = 450$ mm	$d_m = 42{,}79$ mm
	II	$l = 4004$ mm	$d_m = 42{,}82$ mm
	III	$l = 1000$ mm	$d_m = 43{,}00$ mm
Ablaufrohr B	IV	$l = 630$ mm	$d_m = 42{,}86$ mm
	V	$l = 1000$ mm	$d_m = 43{,}00$ mm
	VI	$l = 1000$ mm	$d_m = 43{,}00$ mm
	VII	$l = 1350$ mm	$d_m = 42{,}84$ mm

Daraus ergab sich der mittlere Durchmesser auf der Strecke 1—8 (s. Abb. 1 und 2) zu $d_m = 42{,}92$ mm und der mittlere Durchmesser auf der Strecke 4—7 zu $d_m = 42{,}97$ mm.

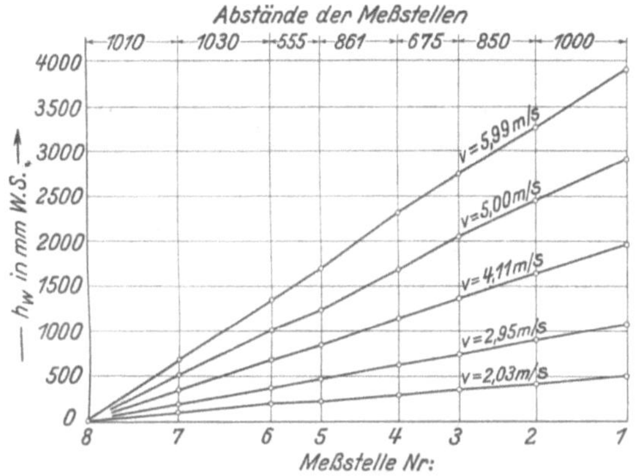

Abb. 7. Drucklinienverlauf bei eingebautem Ersatzrohr $L = 11$ mm; $t = 18{,}6°$ C.

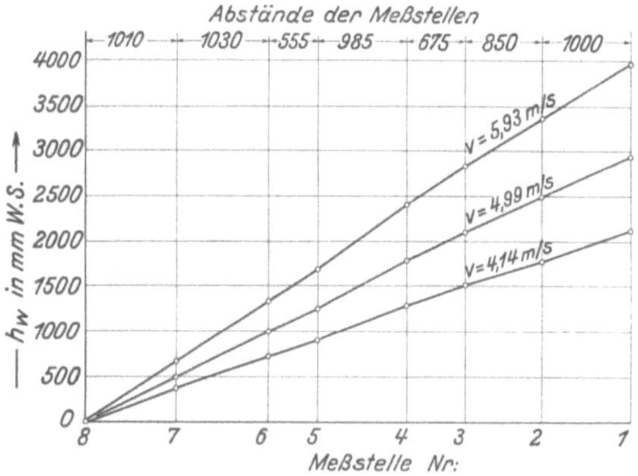

Abb. 8. Drucklinienverlauf bei eingebautem 30°-Krümmer, $R/d = 6$; $t = 16{,}4°$ C.

Es wurde nun der Verlauf der Drucklinien für zwei Fälle bestimmt. Der Verlauf dieser Drucklinien ist in den Abb. 7 und 8 zu erkennen, und zwar in Abb. 7 für ein eingebautes gerades Ersatzrohr $L = 11$ mm und in Abb. 8 für einen eingebauten Krümmer ($R/d = 6$; $\delta = 30^0$). Aus diesen beiden Abbildungen ist zu sehen, daß der Druckverlauf nicht, wie wohl anzunehmen war, eine gerade Linie bildet. Ab Meßstelle 3 ist bei eingebautem Ersatzrohr eine ausgesprochene Änderung der Neigung der Drucklinie zu erkennen, während bei eingebautem Krümmer die Änderung erst von den Meßstellen 4 und 5 auftritt. Diese Erscheinung ist wahrscheinlich auf das Dazwischenschalten des Krümmers zurückzuführen. Das „Ersatzrohr $L = 11$ mm" war ein Zwischenflansch, der aber, obwohl er nicht ein eigentliches Ersatz**rohr** ist, auch als Ersatzrohr bezeichnet wurde, um die Darstellung einheitlich zu machen. Erwähnt werden muß ferner, daß die Rohre IV und VII von kleinen Rillen durchzogen waren (Abb. 9), die beim Ziehen der Rohre entstanden und zuerst unbemerkt geblieben waren. Für die Untersuchung waren die Rillen unschädlich, weil der durch sie erzeugte zusätzliche Verlust sowohl bei gerader Leitung als bei eingeschalteten Krümmern wirksam wird und somit bei der zur Bestimmung des Krümmerverlustes vorgenommenen Differenzbildung herausfiel.

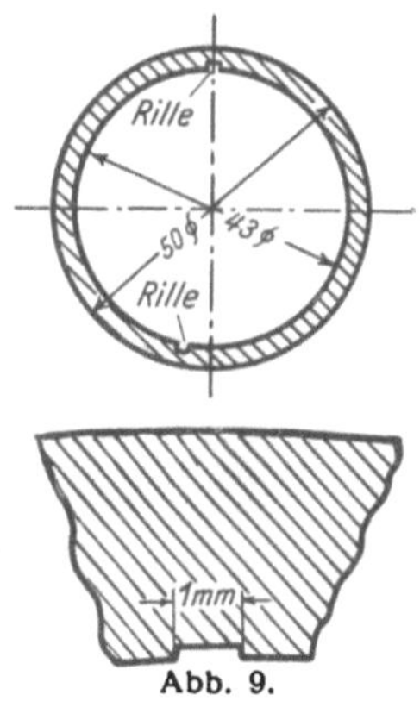

Abb. 9.
Oben: Schnitt durch Rohr mit Rillen.
Unten: Rille stark vergrößert.

Neben dem Verlauf der Drucklinien interessierte die mittlere Rohrrauhigkeit der Meßstrecke 4—7. Hierbei hat sich gezeigt, daß der aus der Gl.

$$h_w = \frac{L}{d} \cdot \frac{v^2}{2g} \cdot \lambda$$

errechnete Rohrreibungsbeiwert λ für die Meßstrecke 4—7 größer ist als für die Meßstrecke 1—3. Der λ-Wert für die Meßstrecke 1—3 stimmt gut mit früheren Ergebnissen überein, während für die Erhöhung des λ-Wertes der Meßstrecke 4—7 keine hinreichende Erklärung gegeben werden kann. Für die Untersuchung an sich ist die Erhöhung ohne Bedeutung, da an der Versuchsanordnung nichts geändert wurde; es wurde sowohl bei dem Ersatzrohr als auch bei eingeschaltetem Krümmer mit dem größeren λ-Wert gerechnet, so daß bei der Differenzbildung diese Erhöhung in Fortfall kam. Es wurde deshalb auch nicht weiter nach dem Grund für die Erhöhung des λ-Wertes gesucht. Wahrscheinlich ist diese Erhöhung dadurch verursacht worden, daß zwischen Meßstelle 4—7 vier Zwischenflansche vorhanden waren, während die Meßstellen 1 und 3 in dem gleichen Rohre lagen.

Nachdem es so wahrscheinlich geworden war, daß trotz peinlichster Genauigkeit bei der Ausführung der Flanschen an diesen eine besondere Störung der Strömung entsteht, mußte es als unzulässig gelten, aus irgendeinem nur von der Wassergeschwindigkeit abhängigem λ-Wert, den Reibungsverlust für eine der abgewickelten Länge der Krümmer gleiche gerade Rohrstrecke zu errechnen. Andererseits war es im Hinblick auf die große Zahl der untersuchten Krümmer nicht möglich, für jeden einzelnen Krümmer ein Ersatzrohr tatsächlich auszuführen und zu untersuchen. Es wurden vielmehr nur fünf Ersatzrohre hergestellt, die den Bereich der tatsächlichen Krümmerlängen deckten. Die Verluste auf der Meßstrecke 4—7 bei Einbau der fünf Ersatzrohre wurden gemessen; durch Interpolation für die tatsächliche Länge der Krümmer wurde der Abzug bestimmt, der gemäß obiger Definition des Krümmerwiderstandes von dem Gesamtverlust in Abzug zu bringen war.

Die Abmessungen der Ersatzrohre waren:

$$L = 50 \text{ mm} \qquad d_m = 42{,}82 \text{ mm},$$
$$L = 90 \text{ mm} \qquad d_m = 42{,}72 \text{ mm},$$
$$L = 180 \text{ mm} \qquad d_m = 42{,}80 \text{ mm},$$
$$L = 340 \text{ mm} \qquad d_m = 42{,}84 \text{ mm},$$
$$L = 450 \text{ mm} \qquad d_m = 42{,}79 \text{ mm}.$$

(Bei der Bestimmung der mittleren Geschwindigkeit v m/s wurde jedoch stets der mittlere Rohrdurchmesser der ganzen Rohrstrecke 4—7 in Rechnung gestellt.) Die Temperatur bei diesen Versuchen betrug 18,6° C.

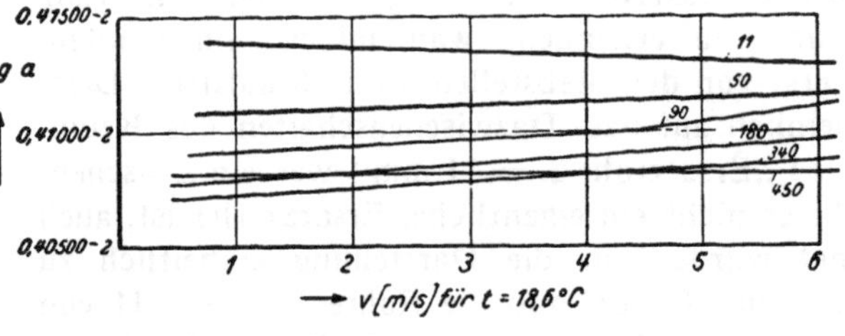

Abb. 10. Werte von a in der Gleichung $\frac{h_w}{L} = a \cdot v^{1,815}$ für verschiedene Ersatzrohrlängen.

Der Verlust pro 1 m Rohrlänge auf der Rohrstrecke 4—7 wird in dem untersuchten Bereich am besten durch die Gleichung

$$h_w/L = a \cdot v^{1,815}$$

dargestellt. Beiwert a ist dabei — entsprechend dem verhältnismäßig großen Einfluß der Stoßstellen an den Flanschen — bei den kürzeren Ersatzrohren etwas größer als bei den langen Ersatzrohren. Die Verhältnisse sind in Abb. 12 dargestellt. Durch Interpolation zwischen den Kurven dieser Abbildung wurden die jeweils abzuziehenden Reibungsverluste bestimmt.

Es hat sich herausgestellt, daß die Rauhigkeit der Rohre im Laufe der Zeit nicht ganz unverändert blieb: Der Druckverlust der Meßstrecke 4—7 mit eingebautem Ersatzrohr $L = 450$ mm war nicht konstant geblieben. Die Rohre wurden mit der Zeit etwas rauher, was bei der Durchführung der Versuche zu berücksichtigen war. Es wurden deshalb an jedem Versuchstag die Druckverluste für ein eingebautes Ersatzrohr $L = 450$ mm neu gemessen und die a-Werte aller Ersatzrohre gegenüber den ersten Messungen proportional korrigiert. Dadurch wurde vermieden, daß für jedes Zwischenstück eine neue Kurve aufgestellt werden mußte. Die kleinen Veränderungen der Wandbeschaffenheit erschwerten die Durchführung der Versuche. Wesentlich einfacher hätten sie sich gestaltet, wenn an der Meßstrecke 1—3 ein gleiches Differential-Luft-Wassermanometer angeschlossen gewesen wäre, mit dem die Veränderung der Rohrrauhigkeit an jedem Versuchstage hätte festgestellt werden können.

Für die Ermittlung der Krümmerverluste wurden in allen Fällen die Meßstrecke 4—7 zugrunde gelegt, wobei Meßstelle 4 $\sim 9\,d$ vor dem Krümmer und Meßstelle 7 $\sim 47\,d$ nach dem Krümmer lagen. Diese Entfernungen der Meßstellen sind, wie aus den Versuchen von A. Hofmann und F. Petermann[1]) hervorgeht, nötig, um die Vor- und Nachwirkungen des Krümmers auf die gerade Rohrleitung zu umfassen.

Von dem gemessenen Druckunterschied der Meßstrecke 4—7 mit eingebautem Krümmer wurde der in der oben dargelegten Weise bestimmte Verlust in einem gleichlangen geraden Rohrstück abgezogen; die kleinen Veränderungen des mittleren Durchmessers wurden dabei berücksichtigt. Die Differenz ergab den Krümmerverlust h_{Kr}. Demnach ist:

$$h_{Kr} = h_{4-7} - h_{Reibung}.$$

Der Krümmerverlust wird in üblicher Weise auf die Geschwindigkeitshöhe $v^2/2\,g$ bezogen und mit Hilfe eines Widerstandsbeiwertes dargestellt als

$$\zeta = \frac{h_{Kr}}{v^2/2\,g}.$$

Die Krümmer wurden jeweils mit 23 verschiedenen zwischen 1 m/s und 6 m/s liegenden Geschwindigkeiten untersucht, um die Abhängigkeit der Widerstandsbeiwerte von der Reynolds'schen Zahl zu ermitteln und etwa auftretende Streuungen durch die Häufung der Messungen auszuschalten.

E. Ergebnis der Untersuchungen.

Aus den in der angegebenen Weise ausgeführten Versuchen ergaben sich die Widerstandsbeiwerte ζ für die verschiedenen Krümmer, deren Abhängigkeit von der Reynoldsschen Zahl $R_e = \frac{v \cdot d}{\nu}$ und der Wassergeschwindigkeit v m/s in den Abb. 11 bis 16 aufgetragen sind.

Zum Vergleich der Widerstandsbeiwerte unter sich sind in Abb. 17 die ζ-Werte der verschiedenen Krümmer mit je gleicher Ablenkung in Abhängigkeit von der Reynoldsschen Zahl $R_e = \frac{v \cdot d}{\nu}$ aufgetragen.

Für viele Fälle sind große Reynoldssche Zahlen praktisch wichtig. Es ist deshalb in Abb. 18 eine Zusammenstellung der Widerstandsbeiwerte für $R_e = 225\,000$ gegeben. Da im Bereich höherer Reynoldsscher Zahlen die Widerstandsbeiwerte bei den meisten Formstücken nicht mehr stark mit der Reynoldsschen Zahl veränderlich sind, dürfen die Angaben dieser Abbildung auch für noch höhere Reynoldssche Zahlen als annähernd gültig angenommen werden.

Zu den Abb. 11 bis 16 ist noch zu bemerken, daß für Wassergeschwindigkeiten unter 2 m/s die Meßgenauigkeit der Versuchseinrichtung nicht mehr befriedigte, weshalb die ζ-Kurven in diesem Bereich gestrichelt aufgezeichnet wurden. Es hätte für diese Geschwindigkeiten eine empfindlichere Meßeinrichtung benützt werden müssen.

---

[1]) Mitteilungen des Hydraulischen Instituts der Technischen Hochschule München, Heft 3, S. 45 und S. 98.

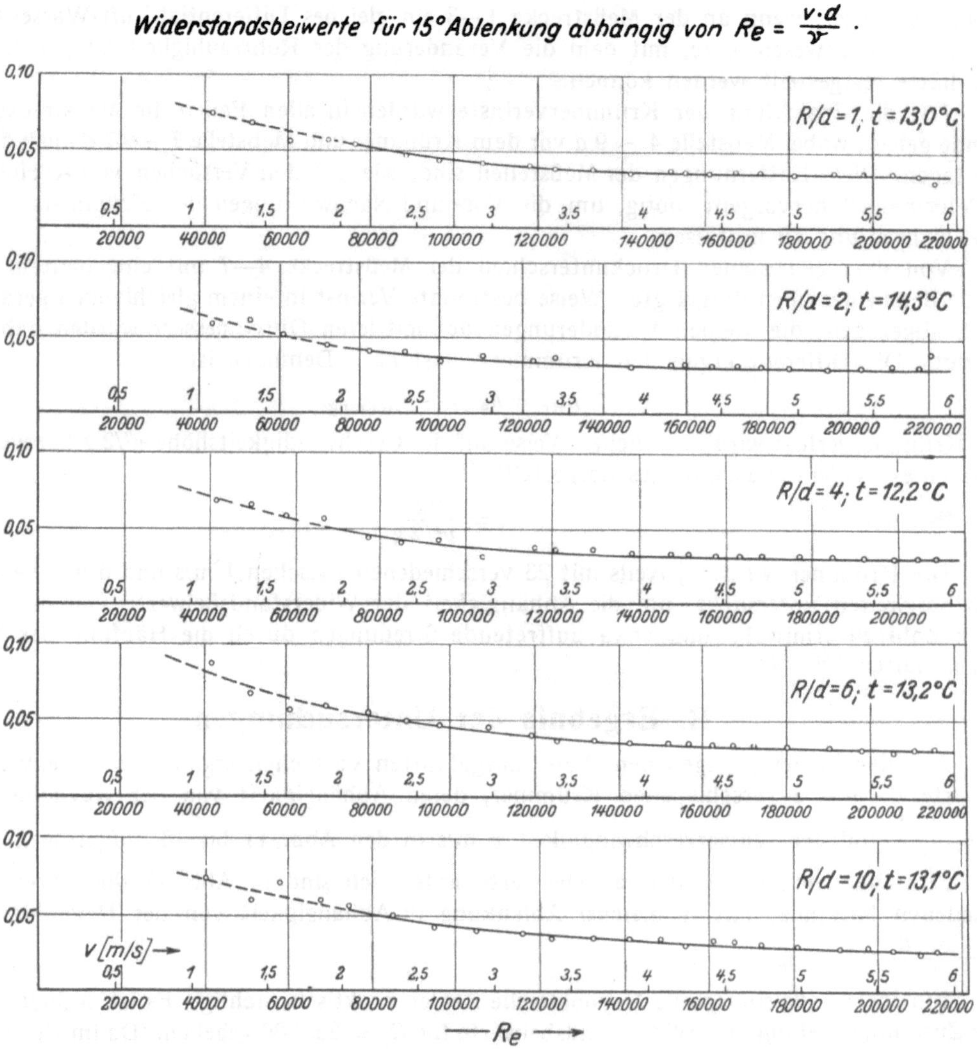
Widerstandsbeiwerte für 15° Ablenkung abhängig von Re = v·d/ν
R/d = 1; t = 13,0°C
R/d = 2; t = 14,3°C
R/d = 4; t = 12,2°C
R/d = 6; t = 13,2°C
R/d = 10; t = 13,1°C
0,10
0,05
v [m/s] →
0,5 1 1,5 2 2,5 3 3,5 4 4,5 5 5,5 6
20000 40000 60000 80000 100000 120000 140000 160000 180000 200000 220000
— Re →

Abb. 11.

Widerstandsbeiwerte für 22½° Ablenkung abhängig von $R_e = \frac{v.d}{\nu}$.

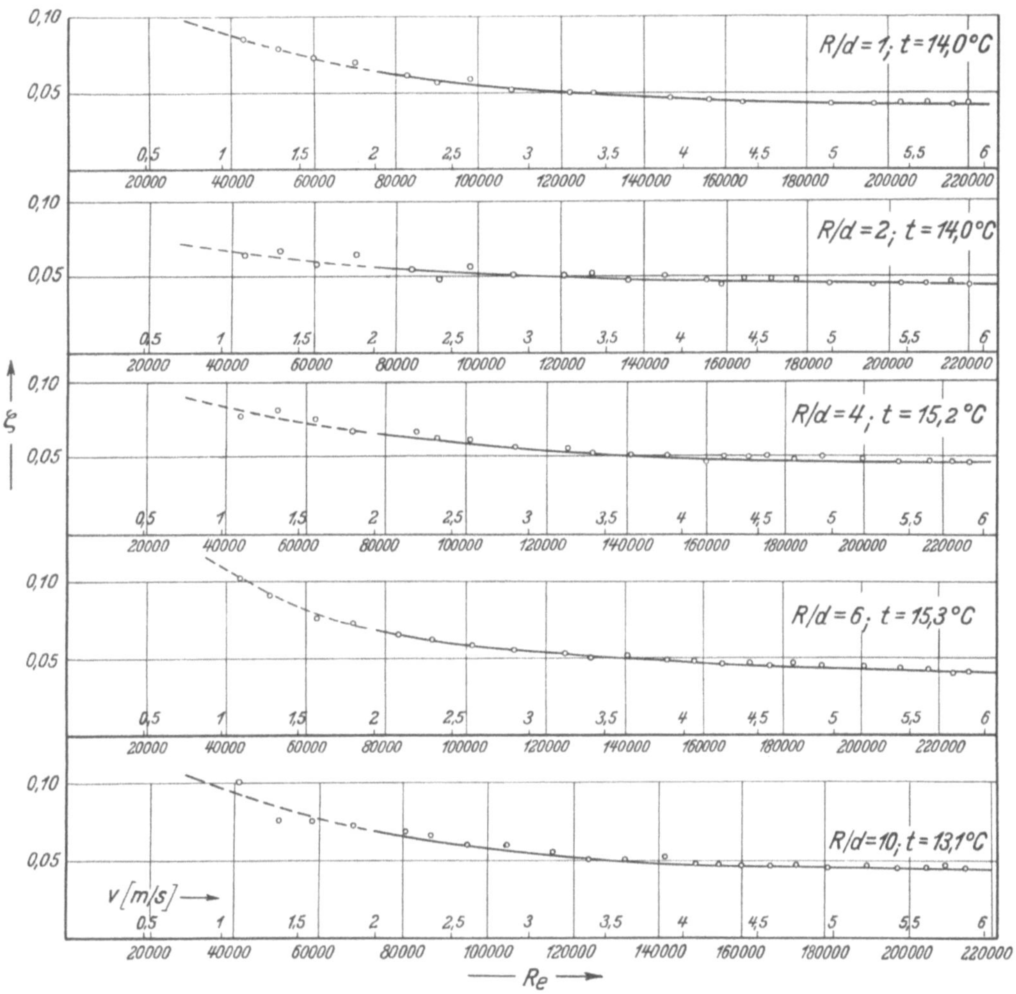

Abb. 12.

Widerstandsbeiwerte für 30° Ablenkung abhängig von $R_e = \frac{v \cdot d}{\nu}$.

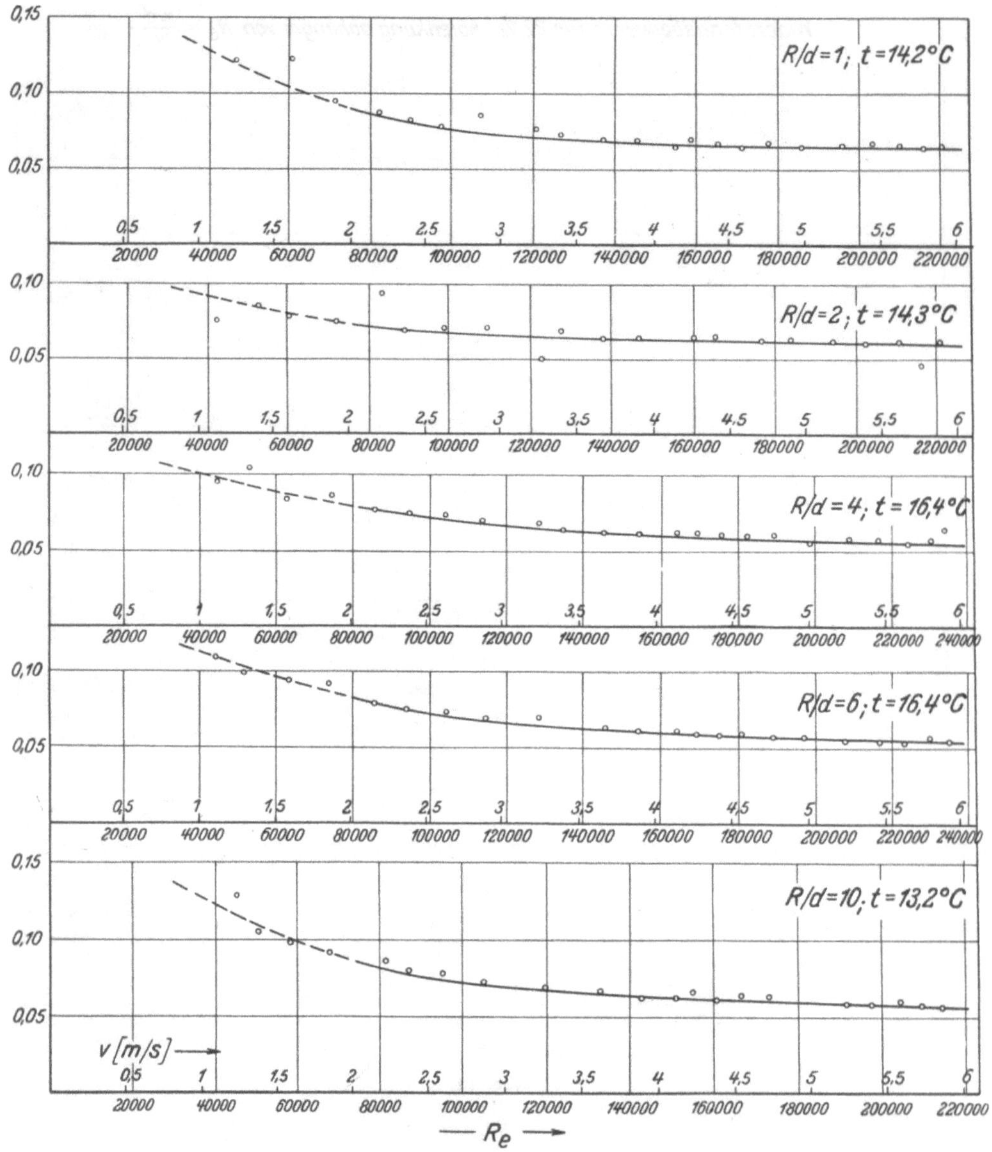

Abb. 13.

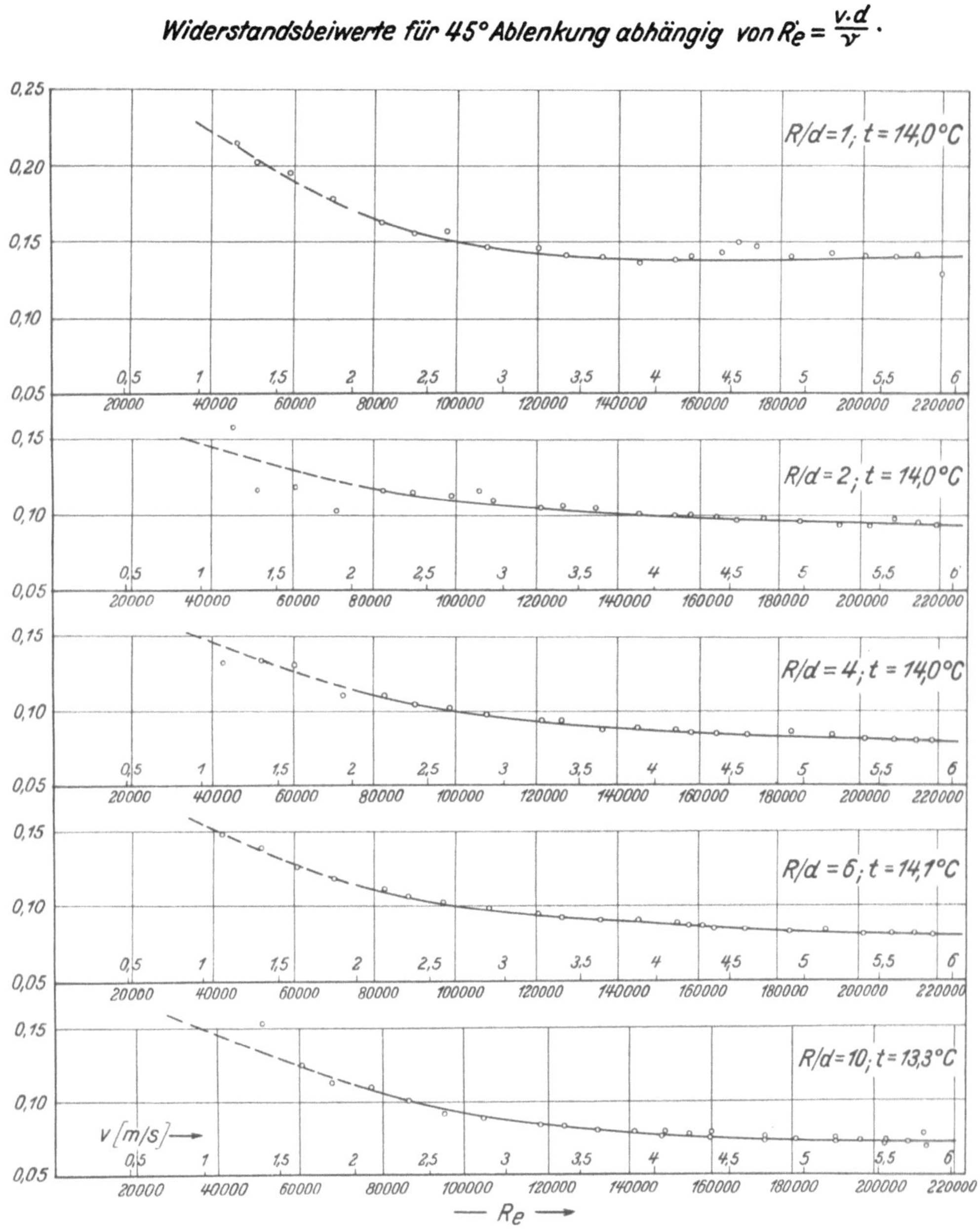
Widerstandsbeiwerte für 45° Ablenkung abhängig von Re = v·d/ν.
R/d = 1; t = 14,0 °C
R/d = 2; t = 14,0 °C
R/d = 4; t = 14,0 °C
R/d = 6; t = 14,1 °C
R/d = 10; t = 13,3 °C
v [m/s] →
— Re →

Abb. 14.

Widerstandsbeiwerte für 60° Ablenkung abhängig von $R_e = \frac{v.d}{\nu}$.

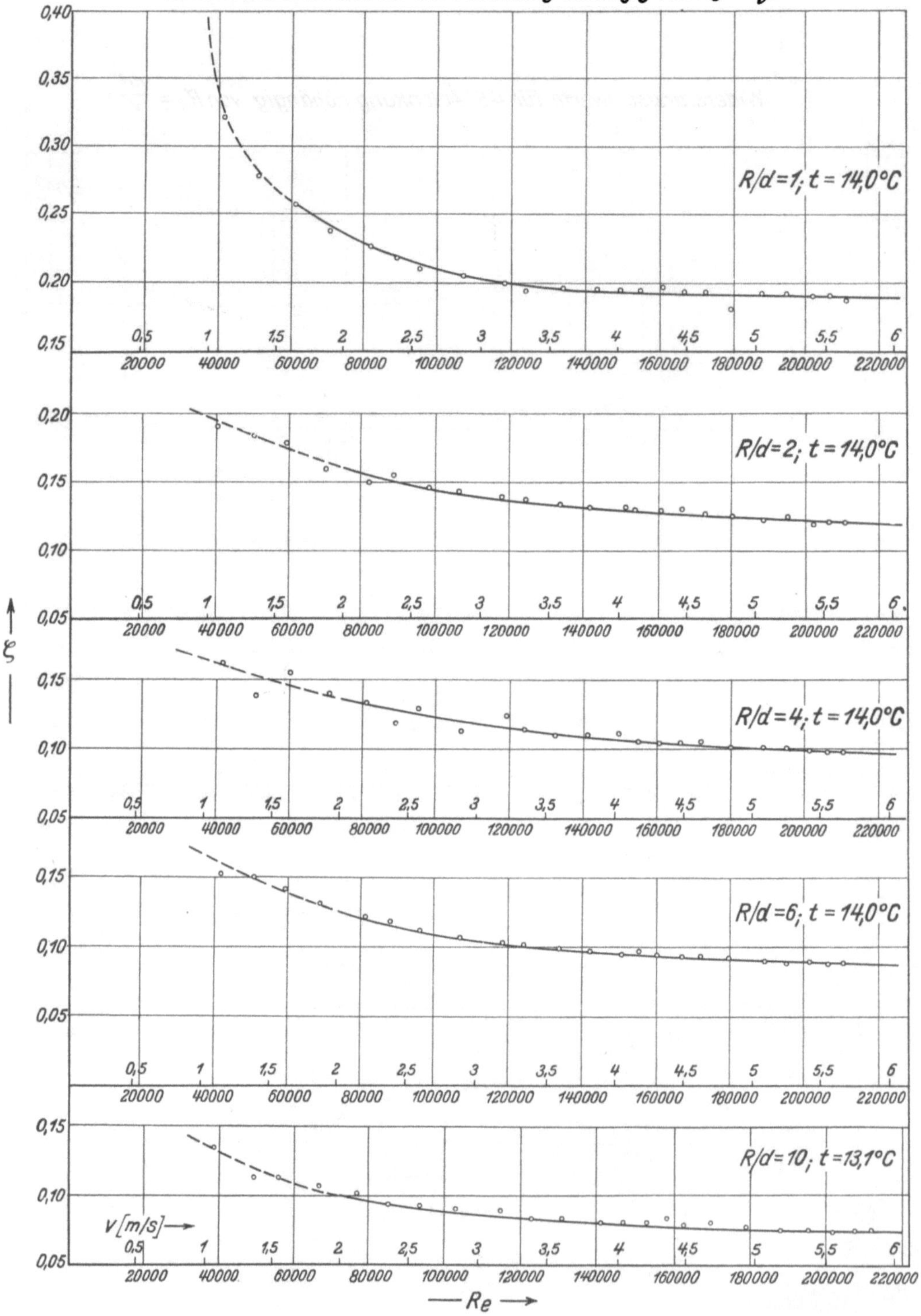

Abb. 15.

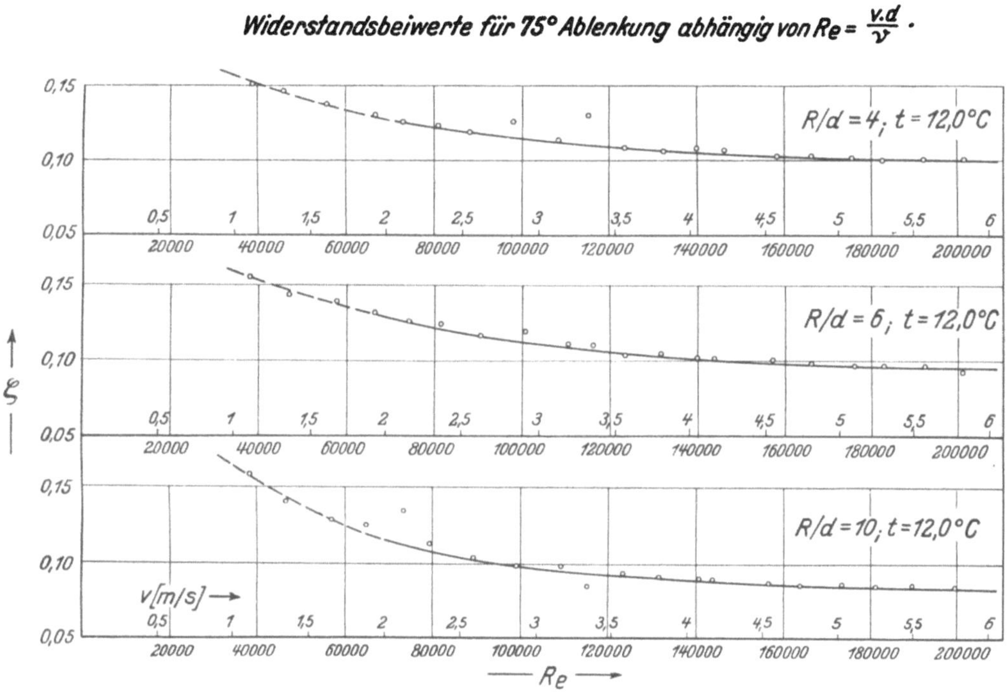

Widerstandsbeiwerte für 75° Ablenkung abhängig von Re = v.d/ν.
R/d = 4; t = 12,0°C
R/d = 6; t = 12,0°C
R/d = 10; t = 12,0°C
ξ
v[m/s]
Re

Abb. 16.

ζ abhängig von $Re = \frac{v \cdot d}{\nu}$ bei verschiedenem R/d.

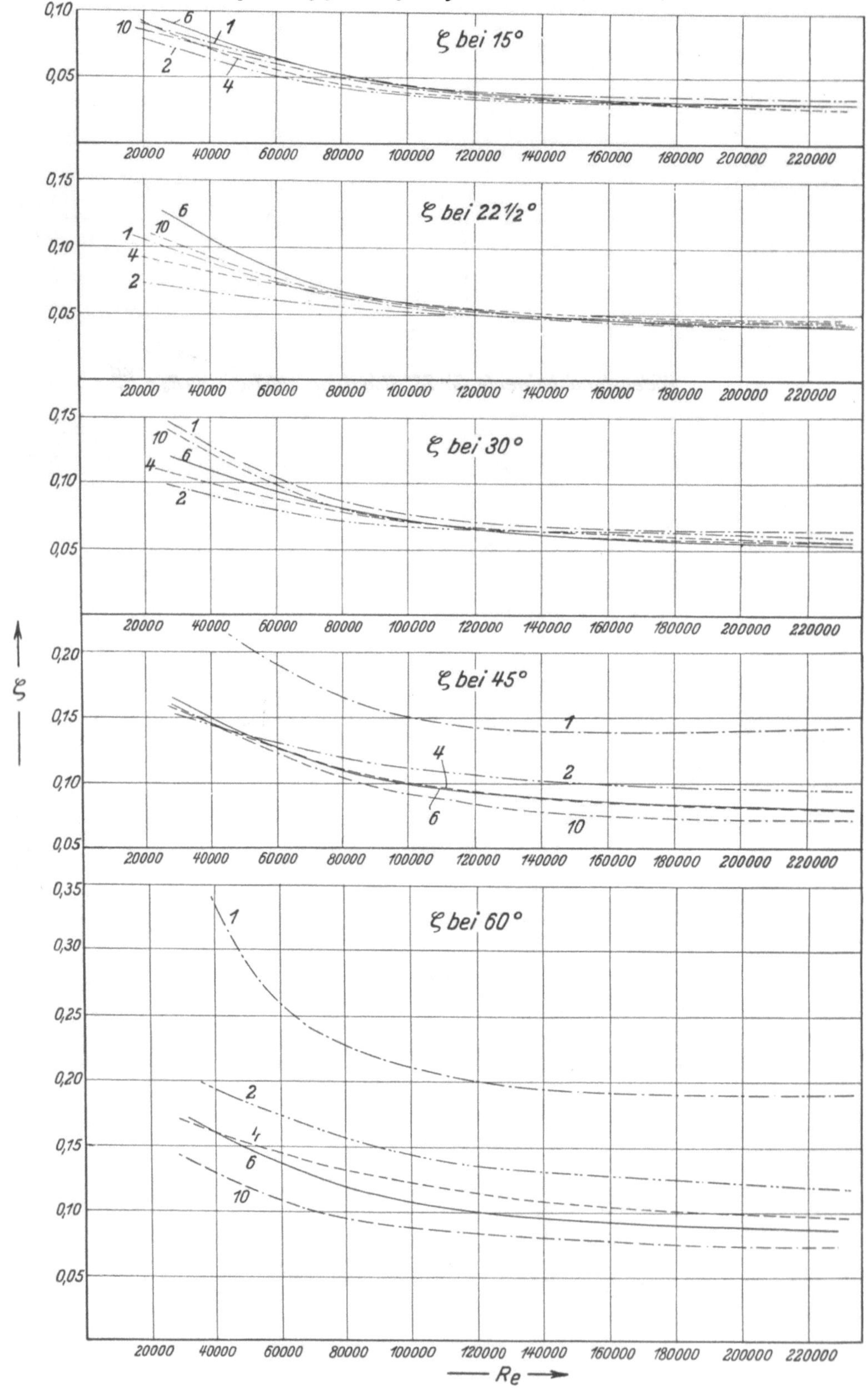

Abb. 17.

Bei den Ablenkungen von 15° und $22\frac{1}{2}°$ sind die Unterschiede der Verluste für verschiedene R/d so klein, daß sie nicht mit Sicherheit festzustellen sind (Abb. 17). Es können hier die Widerstandsbeiwerte als unabhängig von R/d angesehen werden. Bei 30° Ablenkung jedoch beginnt der Krümmer mit einem Krümmungsverhältnis $R/d = 1$ merklich schlechter zu werden als die anderen.

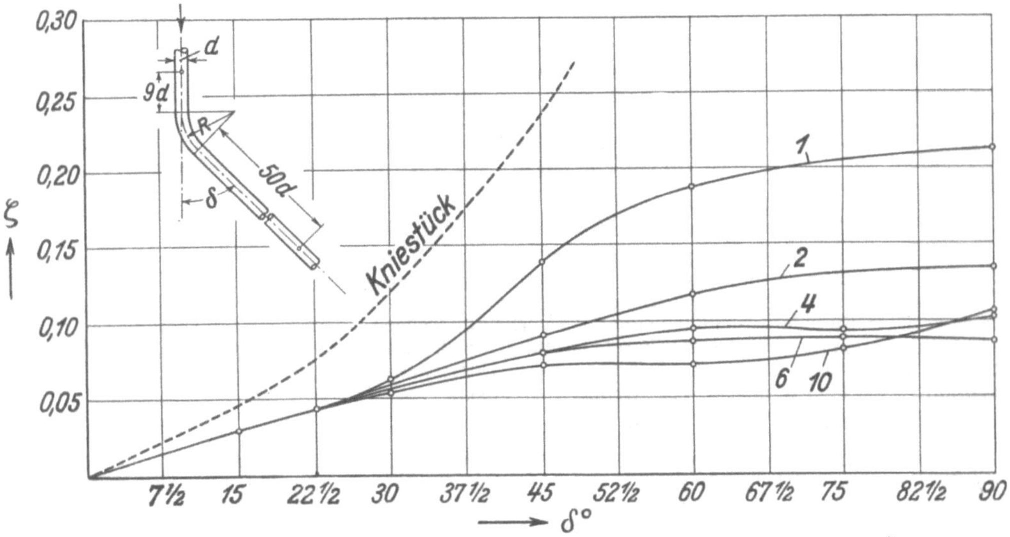

Abb. 18. Widerstandsbeiwerte bei verschiedenem R/d abhängig vom Ablenkungswinkel δ für die Reynolds'sche Zahl $\frac{v \cdot d}{\nu} = 225000$. Die Widerstandsbeiwerte für die entsprechenden Kniestücke sind zum Vergleich als gestrichelte Linie eingezeichnet.

F. Zusammenfassung.

Die Untersuchungen haben zu der Korrektur der bisherigen Annahme geführt, daß die Widerstandsbeiwerte bei kleinen Ablenkungswinkeln aus den für 90° abhängenden Widerstandsbeiwerten durch Verkleinerung im Verhältnis des Ablenkungswinkels ermittelt werden können. Für ganz kleine Ablenkungswinkel bis etwa $\delta = 22\frac{1}{2}°$ ist der Widerstandsbeiwert proportional dem Ablenkungswinkel und für diesen Bereich auch nicht merklich abhängig vom Krümmungsverhältnis R/d; er ist aber erheblich kleiner als der bei gleich großer Ablenkung durch ein scharfkantiges Kniestück auftretende Widerstandsbeiwert (vergleiche gestrichelte Linie in Abb. 18). Bei größeren Ablenkungswinkeln als $22\frac{1}{2}°$ wird das Krümmungsverhältnis von entscheidendem Einfluß auf die Widerstandsbeiwerte.

Bei Fragen zur Produktsicherheit wenden Sie sich bitte an:
If you have any questions regarding product safety,
please contact:

Walter de Gruyter GmbH
Genthiner Straße 13
10785 Berlin
productsafety@degruyterbrill.com